QQmei

英倫育兒日記

QQmei 著

隨著QQmei 探索這個令人永不厭倦的倫敦！

　　人的一生若能遇上幾位知心的朋友，實在難得。感謝主，我很幸運地在異鄉認識 QQmei。她來英國多久，我們就認識多久。閱讀這本書的同時，彷彿時光倒回兩年，裡面有好多共同回憶湧上心頭。看著她一路堅強地成長，從帶著剛會走路的小 QQ 熟悉環境，到現在小 QQ 已經碰碰跳跳上幼兒園。我也從新手人妻變成小吐司的媽咪。這一路我們陪伴著彼此，共度在異鄉生活的淚水與歡笑。

　　朋友知道我和 QQmei 是好友，都會好奇地問她本人如何？畢竟不少名人公開和私下的言行是兩回事。但我可以説，這本書如同她本人一樣，親切又實在。同是在異鄉帶孩子的母親，更能理解異國育兒的難度。因此更加佩服 QQmei 對孩子的耐心及時間管理的能力。我相信英國 child friendly 的環境也為她的育兒生活打了一劑強心針。書中她分享許多在英國學習到的育兒觀，也鼓勵大家不要怕麻煩，透過帶孩子一同旅遊，來創造美好的學習經驗。

　　《QQmei 英倫育兒日記》絕不是一本流水帳的日記，也不是一本諄諄教誨的育兒書。而是 QQmei 用最真誠的情感，來分享她在英國的育兒生活。透過她的生活體驗，將所知道的大小事，不藏私地分享超實用的資訊。我覺得這本書不只適合要來英國觀光、留學的讀者，更適合有寶寶的父母。即使你還沒有機會來英國，也該擁有一本。隨著 QQmei 來探索這個令人永不厭倦的倫敦吧！

【人妻。倫敦。習作簿版主】Ting
www.facebook.com/LondonWifeDiary

一本實用的旅遊書與育兒寶典！

　　QQmei 的文字，不用誇張地描述就可以讓人感動，文字裡的她就像外表給人的感覺是一位獨立又帶著強勢溫柔的新時代女性，看著《QQmei 英倫育兒日記》，彷彿陪伴著他們一家三口成長，深刻地感受到一位母親的勇敢與脆弱。

　　在認識 QQmei 之前，直覺是一位跟我一樣愛亂買東西的媽媽（誤）！後來發現不管食衣住行育樂，她總是細心挑選才購買，完全是百分百處女座龜毛與細心，做足功課跟熱心分享的生活態度，不自覺就會變成她的追隨者啦！

　　喜歡看著每天更新的 facebook，關注著 QQmei 的育兒生活，小QQ 療癒系的笑容，「為母則強」這句話套在 QQmei 身上絕對適合，可以邊旅行、邊育兒，還可以詳細地記錄下這些點滴。

　　看完了 QQmei 的《QQmei 英倫育兒日記》，身歷其境地與QQmei 一家同遊英國，這不僅是一本實用的旅遊書，也是一本很棒的育兒寶典哩！

【親子部落客】小湘

把孩子當成旅伴，留下美好的回憶！

　　同樣身為七年級生的新手父母，非常欽佩 DDC 和 QQmei 有這樣的勇氣追求夢想，舉家搬遷到英國留學，這對於已經有家庭的夫婦都不是一件容易的事情，人或許就是這樣，越長大勇氣就越少，也越容易忘記自己也曾經有過追求夢想的熱情。

　　兩個人在一起是快樂的，出國旅行可以跑遍所有想要看的景點，盡情地體驗當地的風俗民情，可是當有了孩子必須要三人行的時候，考量的因素變多了，如何像 QQmei 把孩子當成是旅伴，以孩子的角度為出發點，在旅行中互相照顧，留下美好的回憶，正是我現階段要學習的。

　　QQmei 帶著牙牙學語的小 QQ 離開熟悉的生活環境，跟著 DDC 回到求學的英國展開新的生活，有著新鮮、快樂、無助、慌亂的精采生活體驗，內容詳細記載了帶孩子出國需要注意的事項，以及剛到英國時所遇到的大小事情，還有一些免費又好玩的景點，非常推薦給想要去英國留學、帶孩子出國去旅行的朋友們。

【親子旅遊部落客】許小布

遇見分享美好的觀察者

因為和 DDC 同校的關係，在倫敦有緣認識了這溫暖的一家人，也因此開始注意到 QQmei 每天分享的文字和紀錄。很奇妙地，儘管生活在同一個城市裡，她們卻每天都可以從看似單純的生活中發現那麼多不一樣的新事物，總是讓我們從 QQmei 樸實溫暖的文字裡，感受到她對日常生活的細心觀察，參與到她的探索之旅。

於是跟許許多多的粉絲一樣，每天開始都會期待她們的故事，又發現了什麼。在 QQmei 的頻道中，每天會有不一樣的場景和劇情。小 QQ 是最搶眼的主角，DDC 是我們跟社會連結的好爸爸配角，而她自己是記錄者也是參與者。

很感謝在社群上那麼多紛紛亂亂的消息和情緒之外，還是有人可以這樣持續安定地挖掘著美好，將這些美好事物的喜悅分享給大家，提醒我們現實中還有很多值得我們去體驗去感受。

他們就像是一家尋找生活中美好的探索者，一家吸收不同文化訊息的體驗者，一家最真誠的分享者。

【旅英時裝設計師】詹朴

目錄

認識我們一家三口

🚂 DDC（爸爸）

　　一個不太會社交、個性溫和、幾乎沒有脾氣，也非常尊重老婆決定的七年級雙魚座優質男。從大學到碩士都念機械系，出社會後理所當然地就進入科技公司當科技新「跪」，一直以來好像都是走「勞碌命」路線的。在碩士畢業之後一年，就和 QQmei 求了婚，成為朋友群裡面最早決定走入家庭的人。

🐎 QQmei（媽媽）

　　一個活潑外向、樂觀快樂、強勢有主見，但脾氣情緒起伏有點大的七年級處女座任性女。大學畢業後當了一陣子的科技線記者，隨即到英國攻讀行銷管理碩士。回國後和 DDC 一樣進入了科技公司上班，成為忙碌的 Office Lady。二十五歲時，和 DDC 攜手步入禮堂，因而成為朋友群裡面最早決定走入家庭的人。

🦆 小QQ（女兒）

　　在爸媽二十七歲的時候出生，現年三歲半。因為是整個家族中的獨生女、長女，備受寵愛，在充滿愛的環境裡長大。個性開朗、搞笑、講話超流利，但遇到陌生人的時候卻很害羞。最喜歡的活動是唱歌、跳舞、畫畫，還有辦家家酒。自從她出現在 DDC 跟 QQmei 的生命之中，讓 DDC 跟 QQmei 覺得人生更完整了。

Chapter One

七年級小夫妻的英倫夢

英國，我們來了！

　　我從婚前就是個旅行咖！從大學畢業後、前往英國進修碩士的那一年，也開啟了自助旅行的走跳人生。

　　在英國念書時，雖然課業繁忙，我還是會利用聖誕節跟復活節長假，和朋友一起暢遊英國各城鎮，以及德國、西班牙、義大利等國家。當時我和老公 DDC 還未結婚，他曾兩度跑到英國來找我；二〇〇八年夏天，我們一起在歐陸四處旅行，足跡遍及英國、法國、希臘雅典跟愛琴海小島、義大利、梵蒂岡……等地。

　　碩士畢業回台後，我和 DDC 一起投身科技業，每天沒日沒夜地工作。隔年結婚後，在忙碌的工作之餘，我們依舊趁著婚假自助旅行，跑遍了泰國、馬爾地夫跟日本。我甚至在懷孕二十八週的時候，硬是拉著 DDC 陪我跑到澳門玩樂！因為旅行對我來說，無疑是最棒的紓壓和充電方式！

　　我和老公從交往到結婚的八年間，一起

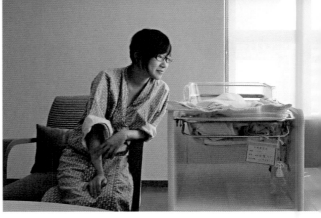

走過了世界十多個國家，但女兒小 QQ 出生後，因應夫家要求，我從職業婦女的身分，一下子變成了一天二十四小時、一週七天全天候待命的全職媽媽，而 DDC 則是過著早出晚歸的爆肝生活。每天早上他出門上班的時候，小 QQ 還沒起床；當他下班回家後，小 QQ 已經睡了。我覺得這樣的工作型態既傷害健康也太不符合常理，於是，在 DDC 與公司簽約的三年期滿後，我支持他轉換跑道，短暫休息一陣子。剛好 DDC 一直以來就對工業設計（Industrial Design）很有興趣，我自己又曾經在英國念過書，所以我鼓勵他，可以試著申請看看英國的碩士課程。

沒想到，原本只是建議 DDC 一個未來的參考方向，希望他能夠自己做出決定，卻讓他連續好幾個晚上輾轉難眠，努力思考著自己下一步的人生規劃。某天一早，我才剛起床，他就用著炯炯有神的雙眼看著我說：「老婆，就這麼決定了，我來試試看申請英國的學校吧！」

隔天，我們一起將這個決定告訴 DDC 的父母。令人意外的是，公婆居然沒有反對我們突如其來的計畫。原本以為他們會對我們已經有孩子，卻還要舉家搬遷到英國的決定有所疑慮，但他

們的想法十分開明，認為只要孩子還
有追求夢想的熱情，在經濟許可的條
件之下，必定全力支持！

就這樣，DDC 在全家人的支持與
祝福之下，歷經將近一年的努力，包
括準備作品集、考英文 IELTS、準備各種資料（中間我還一度
陪著他飛到倫敦面試）⋯⋯最後，DDC 如願以償，順利地申請
上久負盛名的設計學校──皇家藝術學院（Royal College
of Art, RCA）。

於是，二〇一二年九月，我們一家三口舉家搬到英國，我也
開始挑戰人在異鄉的育兒生活！

辦理護照及依親簽證

準備出發前往英國之前，最重要的程序之一就是要辦理護照跟簽證。辦理的流程其實並不複雜，只要資料備齊，基本上不會遇到被退件的問題。

1 辦理護照

這次是小 QQ 出生以來第一次出國，所以得另幫她辦理全新的護照。辦護照前，我們先帶著小 QQ 到照相館拍大頭照，並事先註明是要申請護照用的。當然也可以自己拍照片，不過那真的滿費工的，所以如果有預算的話，還是交給專業的比較省時省力！另外，拍護照用的照片，額頭、耳朵都得露出，所以小 QQ 的招牌妹妹頭劉海只能被夾起來啦！

接著，要備妥下列文件才能申請護照：

近六個月內拍的白底彩色照片兩張。

◆ 戶口名簿正本（驗畢退還），以及戶口名簿影本或三個月內申請的戶籍謄本（要交出去）。
◆ 父親或母親或監護人的身分證正本（誰

帶小朋友出國，就帶誰的身分證）。

◆ 護照申請表（可到現場填寫或是事先下載填寫，記得要先查好小朋友的中翻英姓名寫法）。

◆ 申請費用：一般成人是新台幣一千三百元、十四歲以下是新台幣九百元；若請旅行社代辦的話，價格會貴一些。

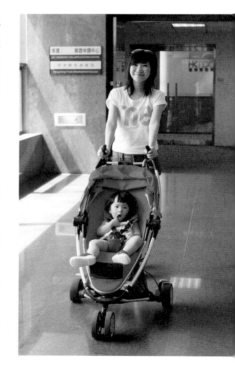

最後，再帶著文件跟嬰兒本人到現場，當天辦理完之後，約莫四個工作天就可以拿到熱騰騰的全新護照囉！如果沒空的話，可以請家人代領，或是以掛號寄到家裡。

2 辦理簽證

雖然現在持台灣護照，最多可以免簽證到英國觀光六個月；但如果是申請念書、工作等長期居留的話，還是得另持相關簽證。比如，DDC 是去英國念碩士課程，就必須持 TIER 4 STUDENT VISA（學生簽證）才能合法在英國入學跟居留，我跟小QQ 則要辦理 TIER 4 DEPENDANT VISA（依親簽證）。一般來說，建議在出國兩個月前，就親自到英國

簽證申請中心辦理簽證。

　　辦理英簽之前，要記得先上申請英簽的網站（www. visa4uk.fco.gov.uk）填寫落落長的申請資料，填寫完之後請直接將申請表印下，接著進行線上刷卡付款（一人的簽證費約 530 美金〔2014 年 7 月更新〕，會依照當時匯率換算成台幣），最後再線上預約至英國簽證中心遞件的時間。

　　在前往簽證辦事處前，記得先備妥下列資料：

◆ 線上申請表。

◆ 預約確認信。

◆ 服務費現金 100 美金（依當時匯率換算成台幣）。

◆ 有效期超過六個月的護照（建議護照效期多過於整個課程時間）；舊護照也要帶。

◆ 近六個月內拍的白底彩色大頭照兩張。

◆ 英文畢業證書跟成績單正、影本各一份。

◆ CAS Statement。由學校提供，可證明你即將要入學就讀的確認信函。

◆ 英文能力測驗證明。目前被認可的英文能力測驗有 IELTS、托福、Cambridge Exam 等。

◆ 英文財力證明。須提出足夠支付英國在學期間的學費及生活費的存款、貸款或獎學金資料。建議提供交易明細，且最後一筆交易要在二十八天以內。

◆ 由於我跟小 QQ 申請的是依親簽證，所以還要另外準備英

文戶籍謄本（事先到戶籍所在地區／鄉公所辦理）。

　　帶著上述文件，就可以於預約時間，直接前往英國簽證申請中心辦理了（需要簽證的人都得到場喔！像我們就是夫妻倆加小 QQ 一起去）。進去前會先經過安檢、抽號碼牌，再來就是漫長的等待時間。我們去的當天人比較多，大約等了快兩小時才辦妥。辦完之後，大概五到十五個工作天左右就可以拿到簽證了！

英國簽證申請中心

地址：台北市信義區松仁路 97 號 7 樓 A 室（第二交易廣場）。
辦公時間：週一至週五上午八點至下午三點（只接受預約申請）。
網站：www.vfsglobal.com

打包去英國

　　要出發前，最讓人頭痛的莫過於整理行李了，因為我們要在倫敦居住至少兩年，時間不長不短，要是可以的話，還真想把整個家都搬過去！

　　一般來說，一個人可以帶去英國的行李重量上限是二十三公斤（有些航空公司是一人三十公斤）。當時我們一家三口可帶的行李總重量是五十六公斤（我們幫小 QQ 買的是嬰兒機票，有十公斤的限制），所以想要「舉家搬遷」是不可能的事！而且基本上，有帶孩子的話，一定會把大部分的行李額度都留給小朋友的

衣服跟物品。

　　幸好，英國是個先進的國家，倫敦更是世界前幾大城市，生活機能相當方便，像是連鎖賣場跟超市、藥妝店等的分布密度很高，所以一些大人的生活基本用品、女生的彩妝保養、廚房用品、小家具……都可以在當地購買；電器類更是不要帶，因為英國的電壓（220-240V）跟插座與台灣完全不一樣，若是把電器扛去的話，要另外使用變壓器和轉換插頭，非常麻煩！衣服類也只需要帶幾套前一個月可以穿的就好，因為在英國可以買到許多物超所值的歐美品牌，比起台灣，價格上便宜很多。

　　此外，英國的華人其實滿多的，除了倫敦有中國城外，其他幾個主要城市也都有中國超市跟餐廳，在那裡可以買到一些家鄉味。

　　因此，給所有為打包而苦惱的人衷心建議：真的不需要運送太多東西到英國！

如果你有長期搬遷英國的打算，建議可以先帶下列物品，這是英國當地比較買不到的，又或者是價格很貴的：

　　英國跟歐洲轉接頭：英國的插座跟台灣插座完全不一樣（英規插頭為三個圓頭），有鑑於我們會從台灣帶許多電子產品來英國，比如說筆電、充電器等，準備 2 ～ 4 個英國轉接頭是非常必須的。此外，大部分的英國居民，會很常跑去歐陸旅行、出差，所以也要記得攜帶 1 ～ 2 個歐規的轉接頭喔（歐規插頭為兩個圓頭）！

　　眼鏡、眼藥水：在英國，眼鏡類的商品，舉凡隱形眼鏡藥水、生理食鹽水、隱形眼鏡、或是到眼鏡行配戴眼鏡，價格都是非常高昂的，所以這些小東西就建議從台灣帶過去。

　　3C 用品：如果慣用日系品牌的電腦、筆電、相機的話，建議直接從台灣帶去，因為在英國買至少會貴個 1 ～ 2 成。

　　女性衛生用品：英國多半都是販售衛生棉條，雖然也有衛生棉，但我覺得比較不好用，價格也很貴。

　　慣用的保養彩妝品：可以先從台灣帶一組過來，但因為英國的天氣乾冷，所以搬來這邊之後，膚質其實會改變，原本在台灣使用慣的保養用品，反而不太適合這裡，建議可以慢慢在英國當地尋找適合自己膚質的保養品，一些英國的專櫃保養品牌像是 THE BODY SHOP、Crabtree & Evelyn、CLARANS、Neal's Yard Remedies 等都不錯，而且價格會比在台灣買便宜。不過，如果有習慣用的美白保養品，一定要從台灣帶來喔！因為英國人基本上是希望自己曬越黑越好，所以美白用品在當地是幾乎買不到的。

　　貼身內衣類：歐美品牌的女性內衣尺碼比較大，若穿不慣的

話，可以從台灣帶自己較喜愛的品牌。

特殊的藥品：英國到處都有藥局（Pharmacy）或是連鎖藥妝店 Boots，也可以買到成藥，而且如果有事先去家庭醫生（General Practitioner，簡稱 GP）看診並且拿到藥單的話，即可付少許費用到藥局領藥（在英格蘭地區，若超過 65 歲、小於 16 歲或為 18 歲以下之學生、有慢性疾病（依 NHS 規定）、失業中等，可免費領藥，所以一般常用的感冒藥，其實並不需要攜帶。但是若有長期使用特殊藥品的人，建議還是自行準備。

保溫杯：想當初，我花了超多時間在英國尋找好看又實用的保溫杯，結果還是找不到。雖然可以在星巴克或是一般超市買到膳魔師（THERMOS）的保溫杯，但英國款式不是保溫效果不夠好、就是不怎麼好看，最後我還是請家人從台灣寄了粉紅色的象印保溫杯到英國呢！

洗衣袋：平常洗衣服時，如果習慣把衣服放進洗衣袋、再丟進洗衣機清洗的話，強烈建議一定要從台灣帶好幾個洗衣袋到英國備用。英國雖然還是能買到，但是非常難找，重點是很貴！

文具：在英國，到處都可以看到一家叫 Ryman 的文具連鎖店，但是英國的文具價格超級貴，建議還是從台灣帶足夠分量的文具到英國（DDC 表示：自動鉛筆一定要帶），畢竟文具類物品不是很占行李空間。如果會買印表機，建議墨水匣也是直接從台灣帶喔！

家鄉味食品：建議一些台灣食材或是料理調理包，先不要從台灣帶過來，可以到了當地之後，先去找找中國城有沒有賣。真

的找不到、而且很想念的家鄉味，再請家人從台灣寄送即可。

　　上述東西，基本上我都是入境隨俗，盡量在當地購買。因為從二〇一二年二月開始，台灣跟英國間的郵局已經取消海運服務，只能用郵費高昂的空運寄送，有一些東西即便在台灣買較便宜，加上運費也不見得划算。而且就算是英國買不到的東西，我想既然都搬到英國了，就是要體驗當地的生活，就盡量改用當地的品牌吧！

　　不過，大人的東西好搞定，小朋友的東西就比較麻煩了，畢竟孩子所吃的、用的，都要經過一陣子試用才知道是否適合體質？會不會產生過敏？像小 QQ 當時一歲多，已經斷母奶，在台

灣的睡前配方奶粉我是給她喝優生的，尿布則是用日本原裝進口的幫寶適。一抵達英國，我才發現英國的奶粉品牌跟台灣能買到的幾乎不一樣，尿布也只有超市自有品牌、綠色幫寶適、好奇寶寶等品牌可以選擇。我可是花了好一段時間，才慢慢找到適合小QQ用的品牌跟款式。

所以，我建議若打算帶孩子搬來英國的話，早在半年前就可以開始讓孩子慢慢接觸英國當地買得到的商品。比如配方奶的話，可以買英國很常見的有機奶粉HIPP；小朋友沐浴乳液類用品，可以先用用看英國能見度很高的earth friendly baby或是Love Boo，這些台灣目前都有進口！

其他一些食具類，像奶瓶、餐具、紗布巾，建議都從台灣直接帶來。英國當地雖然有，可是不見得買得到孩子慣用的品牌，尤其是日系的商品，這邊一定買不到！至於小朋友的玩具、衣服等，英國都很便宜而且多樣化，到英國再買即可。

輕鬆上機有一套

① 選位很重要

二〇一二年九月，我們舉家搬遷飛往倫敦，當時小QQ是一歲四個月。雖然兩歲以下的嬰兒機票是成人機票的十分之一價格，但加上一些林林總總的機場稅等費用，差不多也是成人票的四分之一，而且沒有座位。所以，如果是帶兩歲以下的嬰兒坐飛機，在訂票時，記得一定要註明，航空公司會盡量幫你安排在可以架吊籃（床）的第一排（吊床的長度是八十公分）。但整架飛

機的吊籃位置只有四到六個而已,因此有打算要帶寶寶出國的話,建議早一點訂機票。像我們就提早兩個多月訂票,還被免費升等到豪華經濟艙,真的舒服很多。

② **善用嬰兒推車**

嬰兒推車是可以一路推到登機門的,不納入行李件數跟重量計算。Check in 時,地勤人員會問嬰兒推車是要託運?或是推到登機口?如果選擇後者,地勤會先在推車上綁上行李條,讓父母可以一路推著娃娃推車到登機門,然後把車子收起交給地勤人員!下機時,記得憑行李條在機艙門外等候,領取娃娃推車。

③ **隨身行李,盡量輕便**

過安檢的時候,外套、手機、電子產品都要拿出來,嬰兒推車也要收起來,如果身上帶太多行囊,同時間還要顧小孩,一時之間真的會手忙腳亂,超狼狽的!

但是,嬰兒相關用品當然還是少不了,包括:小童餐具、圍兜兜、濕紙巾、水杯、尿布數片(依照飛行時數來決定帶幾片)、

七年級小夫妻的英倫夢

一至兩套換洗用的衣服、購物袋（在機場購入的物品可以另外裝）、小朋友最喜歡吃的零嘴、幾本童書或是玩具。攜帶一歲以下小朋友的父母，建議可以帶著揹巾，以防他們不睡覺或是睡不慣吊床的時候，可以背著孩子入睡。

如果是還在喝奶的小嬰兒，親餵母奶的話可以直接帶哺乳揹巾；喝配方奶的話，除了奶瓶外，奶粉可以裝在分裝袋裡（當初我有準備 Basilic 的奶粉分裝袋），依照飛行時間帶個幾包上飛機，要餵的時候再請空姐幫忙裝溫水就可以囉！至於 4～6 個月以上正在吃副食品的寶寶，就稍微麻煩一些，礙於無法帶現做的食物泥上飛機，就只能暫時先讓寶寶食用飛機上提供的食物泥了！

4 選搭晚上的長途飛機

從台灣飛倫敦沒有直達班機，再加上轉機的話，通常前後加起來都要搭至少十四個小時以上的飛機（最快的班機是國泰航空，在香港轉機）。

在英國的兩年來，我總共帶著小 QQ 回台

三次（其中一次是自己一個人帶），加起來共搭長途飛機六次。我自己認為，帶一歲到兩歲間的小朋友搭飛機最辛苦了！因為購買的是嬰兒機票，小朋友沒有自己專屬的位置，但這個時期的嬰童已經有行動能力，理解力還似懂非懂，有時真的很難控制。

記得第一趟飛倫敦的時候，小 QQ 一歲四個月大，雖然整趟旅程當中，她還算滿給面子的，幾乎都沒有哭鬧，但可能因為我們是搭早上的班機，一路上她睡不到四個小時，眼睛不但睜得大大的，還不時離開座位「巡邏」一下，和其他乘客打招呼。所以我跟 DDC 在飛機上將近一天的時間裡，都要陪著她玩或在機艙裡到處走動，幾乎沒時間補眠，等抵達倫敦的時候，累到都快要靈魂出竅了！

經過第一次的飛行經驗，我建議帶小朋友搭長途飛機的話，可以選擇晚上的班機。畢竟孩子的生理時鐘還滿準的，碰上他們的睡覺時間，應該很快就會入睡，爸媽也會有更多的喘息時間。至於時差，相信我，小朋友調得比大人更快，通常到達當地不到兩天時間，就能適應過來囉！

5 帶孩子輕鬆搭飛機的小法寶

我看過滿多媽媽分享，當飛機起降時，寶寶會因為耳壓問題不舒服，然後大哭。所以飛機起飛的同時，我會馬上遞上吸管杯給小 QQ 狂喝，截至目前為止，小 QQ 都沒有因為耳壓問題而哭鬧過。總之，只要讓寶寶有吞嚥的動作，不舒服的狀況大多可以

改善。

此外，隨身攜帶小朋友愛玩的玩具、愛看的書，也是非常重要的。我每次帶小 QQ 搭飛機，都會準備好幾本較不占包包空間的塗鴉本、貼紙書等，以備不時之需。搭短程飛機的話，這些小法寶絕對夠用，可以讓小 QQ 乖乖地玩上好一陣子；若是長途飛機，通常座椅後都會有隨選電視，如果小朋友玩膩了，大人就開個卡通給他們看，讓自己有一點喘息的空間吧！

英國海關禁止攜帶入境的東西

依規定，下列物品是不能攜帶進入英國海關的喔！

◆ 肉類製品：肉鬆、肉乾、罐頭、含肉類的泡麵等、或含有肉類或豬油製造的月餅。

◆ 奶製品：起司、奶茶、即溶咖啡等（嬰兒奶粉、嬰兒食品等特別食品，攜帶數量僅限停留期間自用）。

◆ 農產品：蔬菜、水果、植物。

◆ 海鮮及海鮮類製品。

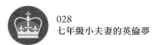

英國居，大不易！

申請銀行開戶

　　帶著小 QQ 坐長途飛機累歸累，但是抵達倫敦之後，那才是真正累的開始！

　　一到達倫敦，我們的首要任務之一，就是趕緊到銀行開戶，把身上大把的英鎊現金存到銀行去，否則每天帶在身上總是心驚膽顫；此外，我們也必須要有英國當地的銀行戶頭，才有辦法跟房仲公司簽約。

　　基本上，倫敦幾大主要銀行包括：NatWest、BARCLAYS、LLOYDS BANK、HSBC、The Royal Bank of Scotland (RBS) 等，在比較熱鬧的區域都會設置分行，所以建議可以選擇距離家裡或是學校最近的銀行開戶。

　　在英國開戶可不像台灣這麼容易，以 DDC 這類國際學生來說，必須事先到學校申請開戶信函，證明你即將在英國念書，以及在英國停留的時間。依據不同學校的效率，通常約莫等一到七天的時間，就可拿到開戶信函；再攜帶基本文件，即可到銀行進行開戶。

　　不過，當初我們去銀行的時候，行員表示當天工作行程繁忙，必須先預約時間，隔天再來開戶，所以我們又多等了一天，才終於見到協助開戶的人員。

辦理開戶時，所需資料包括英國住宿地址（我們先提供朋友在英國的地址，等找到房子之後，再向銀行換成正確的地址）、戶籍地址（英文版）、學校發的開戶用信函、電話、電子郵件、護照與簽證等。銀行行員在審核資料的同時，也會仔細說明所有內容，並請你填寫一堆表格。我們當時除了開戶之外，也順便把大部分身上的現金都先存進銀行裡，約莫一至兩個星期後，銀行就會寄發卡片到當初提供的住址，這時便可以開始使用金融卡了！

　　在英國，多半是使用轉帳卡（Debit Card），這類卡片除了可以在提款機提領現金之外，更可以直接在商店刷卡（須輸入密碼），或是線上購物輸入卡號來購買東西。刷完卡之後，會立即從帳戶裡扣款，所以要是銀行戶頭沒有足夠餘額，是會刷不過的。英國每一家商店幾乎都設置給 Debit Card 使用的機器，幾大超市甚至在結帳櫃台提供 Cash Back 的服務（超市收銀員會直接從收銀機拿現鈔給你，金額則會直接從銀行扣除），所以在英國消費久了之後，會發現錢包裡常常都只有不到 10 鎊鈔票，因為只要一卡在手，就可以輕鬆血拼啦，根本不需要去提款機提領現金！

找房子的甘苦談

　　DDC 念的學校雖然可以申請家庭宿舍，但是就只有少少幾間，排隊等候的名單又超長，就算被我們排到了，DDC 可能也畢業了吧（哭）！所以我們一家人抵達倫敦後，只好先住在當地的

旅館，辦理完銀行開戶之後，隨即開始帶著小 QQ 四處找房子。

在倫敦找（租）房子的管道很多，可是我們畢竟是第一次經驗，當然非常「挫」，再加上身邊帶著一個不是很受控制的幼童，更是事倍功半。

在來英國之前，我透過網路詢問住在當地的台灣人，找房子該如何下手？一般來說，大家都是推薦幾個大型租屋網，像是：Rightmove(www.rightmove.co.uk) 或 是 Zoopla(www.zoopla.co.uk)，很多知名連鎖的房仲都會在此刊登出租物件。出發前，不妨先上網站輸入自己想要居住的區域、預算、要找的房型等等，不過倫敦的租房流動率非常快，就算現在看到喜歡的房型，抵達當地之後，房子可能早就被別人租走了。所以，我建議在台灣的時候，可以先了解目前英國的租房行情，然後上網爬文該區域的治安是否安全，把喜歡的房子先記錄下來，到了英國後，直接前往房仲的辦公處詢問！有些人偏向私下交易，這樣就可以省下一筆房仲費用，可是第一次在人生地不熟的異國找房子，建議還是有第三方居中協調會比較好。

在倫敦，隨處可以找得到房仲的辦公處，尤其是地鐵站一走出來，很多房仲業都會在此設點。DDC 的學校位於倫敦市中心靠西邊的區域，剛好是三大博物館聚集的 South Kensington 一帶，房價非常高昂，所以我們就盡量往西邊郊區，有公車或地鐵

可直達 DDC 學校的區域找房子，畢竟安全、便利是第一考量。

英國的房價非常驚人，我們當時的需求是找一房一廳的公寓、距離公車或地鐵站近、附近有超市、預算一個月不要超過 1500 英鎊（折合台幣約 75,000 元）、可以立即入住。通常英國的房價和治安好壞、學區及地段息息相關，像我們找的區域，雖然並非倫敦市中心，但是周邊的生活機能佳、治安好、公園多、學區好，是英國人所謂很 posh 的地區，房價自然居高不下，甚至比很多倫敦一二區市中心的房子還要貴。可是，既然帶著小 QQ 來這邊居住，當然是希望可以住在好一點的區域，以避免一些不必要的危險。

還記得找房子的那段日子，每天早上起床吃完早餐，我們就馬不停蹄地帶著小 QQ 走進一家又一家的房仲公司，當 DDC 負責和房仲人員談正事時，我則是在一旁專心照顧常常脫序演出的小 QQ（苦笑）。通常房仲業務會先詢問基本資料，接著問幾個粗略的問題：幾個人入住？買房還租房？想要幾個房間的房子？一週或是一個月的預算多少？有無其他特殊需求？以及入住時間。

記錄下找房者的需求之後，房仲就會連上系統找尋是否有符合需求的房子。如果有空屋的話，通常就可以立即去看房；如果房子現在有人居住，那麼就會和屋主另行約定看房的時間。

倘若沒有適合的房子，房仲也會留下聯絡方式，一旦有

適合的房子釋出，就會打電話或是email告知。那時候，DDC每次接到手機，常常一則以喜、一則以憂，喜的是，可能有好房子可以看；憂的是，他常常聽不懂對方在說什麼啊！

　　再來就是實際走訪看房子了，這是很重要的步驟，因為有時候網站上的照片和房屋本身真的「差很大」！我就實際看過某一間房子，從網站上看起來狀況有夠優，結果一到現場，好像進到鬼屋一樣！我還聽住在當地的朋友說，想要找到真正滿意的住家，至少都要看二十間以上的房子。可是，畢竟住飯店真的很貴，而且帶著小QQ，行動力大減，為了和時間賽跑，我們只看了五間左右的房子就決定入住。

　　決定入住之後，接下來就是和房仲冗長的交涉流程了。首先他們會要求繳交一筆訂金（通常是一週的租金）暫時保留這間房子，他才去和房東做價格上的交涉。事實上，房價都是可以再議的，但不見得每個屋主都會給予殺價的空間。

在屋主同意所有的條件後，就進入最後的簽約流程。房仲會同時要求你繳交押金（通常為六週租金，退租時退還），並且提供一堆身分證明，比如：銀行存款證明、護照、學校入學許可信等等，然後給你一份落落長、大約十到二十頁的合約。不管這份合約你看了多想睡覺，請記得一定要閱讀清楚，以保障自己的權益。

在跑完這些繁瑣的流程，並且在合約上簽名蓋章之後，一把熱騰騰的房屋鑰匙，就出現在我們的手中啦！我們一家三口總算找到在倫敦的落腳處。

雖然這間房子不是十分合我的意，因為空間真的很小，是個只有十坪左右、一房一廳的超小公寓，對於兩個大人，加上一位已經會到處跑跳的小童來說，住起來實在有夠擠。但因為我們只計畫在英國居住兩年，再加上這房子座落在交通方便、環境優美、機能便利的區域，所以也沒什麼好苛求的了！

在倫敦租房子的流程

◆ 鎖定想要居住的區域，先上網站搜尋適合的房子，並了解該區域的租金行情跟治安情況。

◆ 抵達英國之後，直接走進當地的房仲辦公室詢問。

◆ 清楚地向房仲表達自己的需求：幾房幾廳？預算？區域？入住時間？以及其他特殊條件等。

◆ 實地看房子去，並且留意周邊的環境。

◆ 看到滿意的房子後，和房仲付訂金、跑完冗長的簽約流程。

◆ 搬家。入住前記得先把房屋現況拍照存檔備用。

Chapter Two

英倫育兒生活

一人育兒生活

全職媽媽的日常生活

好不容易在倫敦安頓好，DDC 也隨即開學了。他在皇家藝術學院念的工業設計系算是學校中念起來數一數二辛苦的科系，每天都是早出晚歸地出門、回家，所以我也只能隨時隨地把小 QQ 帶在身邊，展開自己一個人在英國的育兒生活。

搬到英國之後，我創下了每天都帶著小 QQ 出門的紀錄。很多人會問：「天哪！妳要做家事、煮三餐、顧小孩，還要寫部落格，都已經這麼多事情要忙了，為什麼還要堅持每天帶小 QQ 出門遛達呢？」其實是因為我覺得在英國，帶著小 QQ 外出比在家裡輕鬆多了。

還記得以前在台灣的時候，一個星期頂多帶小 QQ 出門三天，要不就讓她在家裡玩玩具、或是在社區中庭走一走。就算出門，也都是去室內遊樂場、親子餐廳那種專為親子設計的狹小空間。如今搬到英國，一來我們租的房子空間真的很小，待在家裡一整天實在令人喘不過氣，二來英國戶外的環境真的很不錯，有許多公園跟兒童遊戲場（Playground）可以給小 QQ 跑一跑，所以帶她出去不僅很好消磨時間，我的心情也會比較放鬆。

我在英國的作息還滿單純的，基本上就是「每天陪著小 QQ 出門玩樂」。每日行程表大致如下：睡到早上八點左右起床，

吃完早餐、收拾完畢後，約莫十點就會帶小 QQ 出門，有時去公園散步、去教堂的兒童遊戲團體（Playgroup）玩，或是去超市買菜。中午和小 QQ 回到家吃完中飯後，就來到下午的放風時間。因為早上是在家裡附近走動，下午的話多半會跑遠一些。這時候，公車就是最好的交通工具！因為倫敦的地鐵站大多沒有電梯，相對的，公車都是低底盤的，很方便直接推娃娃車上去，還有專門停娃娃車及輪椅的位置，所以我最喜歡帶著小 QQ 搭公車到處趴趴走。也許是因為可以一邊瀏覽外面的風景、一邊看著來來去去的人群，小 QQ 搭公車的時候總是非常乖，有時候搖搖晃

晃之中就睡著了，我也可以趁這個時間好好休息。下車之後如果她還沒睡醒，我便可以趕緊逛一些自己想逛的店。

　　我最常趴趴走的地方，通常是一班公車就可以抵達的。天氣好的時候，我會帶小 QQ 去市中心的海德公園散步，或去肯辛頓公園的兒童遊戲場（Playground）玩沙、玩遊樂設施；天氣不好的話，則是去博物館，或是去 Westfield 購物中心。

　　一整天的戶外行程過後，我們會在傍晚五點左右回到家裡，我在準備晚餐的同時，小 QQ 會乖乖地在一旁玩玩具，DDC 則通常是在晚餐過後，大約晚上七點以後回到家。如果 DDC 的回家時間早，我就盡量讓 DDC 多陪小 QQ 玩，享受難得的父女時光。

　　晚上八點，是小 QQ 準備就寢的時間，我或是 DDC 會和小 QQ 一起洗澡，陪她刷牙，然後 DDC 念完故事書之後，我們再一起陪著小 QQ 入睡。

　　以上就是我每天大致的行程，當然並不是一成不變的，有時我也會跟朋友出去，或是去旅行。

　　每次只要有人問我：「妳除了帶小孩，平常沒事都在幹嘛？不覺得無聊嗎？」這時我都會不自覺地苦笑，因為我還真想不出來自己有「沒事」的時候耶！說真的，這種一天二十四小時、一週七天把孩子帶在身邊的日子既甜蜜也辛苦，好像很久沒有睡到自然醒，也很久沒有一個人隨心所欲地出門去散步、逛街。有時候，當我真的好累，忍不住會想：當初為什麼不乾脆留在台灣帶

小 QQ 就好？還有婆家跟娘家可以一起幫忙……但是回過頭來想想，又會覺得一家三口到哪裡都在一起，那才是真正的幸福，也是最重要的！

做媽媽，沒有生病的權利

說真的，在英國的育兒生活，一開始可說是淚水多過於歡笑。以前在台灣，還能夠不時往娘家跑，當個長不大的女兒，實在幸福極了。如今自己在異鄉帶小孩，沒有任何後盾跟依靠，什麼事情都得獨立面對，真的很辛苦，如果沒有健康的身體、充足的體力跟足夠的耐心，是萬萬不行的。

在這裡少了家人的幫忙，老公的課業又忙得不可開交，我除了獨自照料小 QQ 的大小事外，還要打理一家三口的三餐跟所有家事（英國外食非常貴，所以盡量自己煮才能省錢），因此我常常會覺得，要是自己倒下了，誰可以幫我呢？

還記得 DDC 才一開學沒多久就感冒了，接著又傳染給我跟小 QQ。某天早上，小 QQ 發燒，我也發燒了，但我還是得強打起精神餵小 QQ 吃早餐。好不容易多多少少餵進一些食物，她一陣咳嗽，又把所有的東西全部吐出來，那一刻我真的超無助的！

我的身體很難受，頭好痛又好暈，所以傳簡訊給在上課中的 DDC，但他太忙了，沒看到也沒回，我只好一邊哭、一邊擦地收拾，接著幫小 QQ 洗澡，哄她上床睡一下，自己再吞了顆感冒藥，就趕緊忙著家務跟料理午餐，完全沒有喘息的時間。

　　感冒痊癒隔沒幾天，我從超市買了一瓶有機鮮奶回來喝，殊不知我跟小 QQ 都對這款鮮奶過敏，結果母女倆連續一個多禮拜都在拉肚子。我拖著血糖過低、快要沒有力氣、肚子又一直絞痛的身體，卻還得照料同樣腸胃不舒服的小 QQ。那一陣子，小 QQ 的情緒很不穩定，常常鬧脾氣、大哭、吃不下東西，在一旁照顧她的我也身心俱疲，真的好希望身邊有人可以幫幫我……

　　但是，在英國的生活雖然辛苦，卻也感受到很多單純的快樂。尤其英國宜人的戶外環境、小 QQ 在綠地奔跑的笑容，都讓我覺得心情愉悅！要是哪一天真的離開這裡，我一定會很懷念的。

做事缺乏效率的英國人

英國人的舉止紳士、優雅，但他們的做事效率卻令人不敢恭維。像是一開始入住租屋處不到兩週，房東號稱全新的熱水器居然壞掉了！我們打電話給房屋管理公司的負責人，他們也算很有效率，當天就派公司內部的工程師來修理。結果呢？派來的工程師拆開熱水器，乒乒乓乓地檢查了好一陣子，二十分鐘過後，卻轉過身來跟我們説：「很抱歉，是風扇壞掉了，但我不是原廠的人，沒有這項零件，所以今天無法修好。」

一聽到這裡，我們的心都涼了半截！當時雖然是十月，但每晚的氣溫只有十度左右，如果熱水器沒修好，豈不是全家人都要洗冷水澡？於是我們拜託他打電話請原廠的人「盡速」到家裡修理，並且告訴他，我們有小孩，沒有熱水真的很不方便。

後來，原廠在一個星期後才派工程師來幫忙修熱水器。所以，在熱水器沒修好的那個星期，我跟 DDC 天天洗冷水澡，而小 QQ 要洗澡時，則是用電磁爐慢慢加熱，每次洗澡都像在打仗一樣！

諸如此類的事情可説層出不窮，又好比我們申請了某家網路商的網路方案，結果廠商將伺服器寄丟了！聯絡上他們時，一開

始他們還不肯負責，後來我再去跟他們吵了半天，這才重新寄一個新的過來；或是要打電話取消 3G 上網合約，結果光是客服人員轉接電話，就讓我在線上空等了半小時……以上這些不合情理的事，怎麼列都列不完，但人在異鄉不得不低頭，遇到不合理的事情，也就只能盡量據理力爭，不能讓英國人覺得東方人是好欺負的！

沒有電梯的地下鐵

搬到倫敦之後，最令我不能適應的地方之一，就是地鐵站沒有電梯這件事。以前住台北，每一個捷運站都有超貼心、超新穎的電梯設備，而且還有廁所。而倫敦呢？這裡擁有著全世界第一座地鐵系統，上百年的老舊車站跟月台也挺有復古味道，但對推著娃娃車的媽媽來說，每次坐地鐵都是一大工程。如果 DDC 在的話還好，搬娃娃車這種苦差事就交給他了！但平時我一個人要帶著小 QQ 搭地鐵，必須先把她從推車上抱下來，然後迅速地把娃娃車摺起來，接著一手牽著她上樓梯、一手扛著娃娃車，身上背著超重媽媽包，一臉狼狽又氣喘吁吁地爬上月台。

好在倫敦的公車是無障礙設計，每一台公車都有停放兩台娃

娃車或是一台輪椅的空間，也因此平常在台北習慣搭捷運的我，
到倫敦之後，反而愛上了搭公車趴趴走。雖然公車每次都要繞很
久，但是可以坐在上頭欣賞窗外美麗的街景，換個角度想，就像
在觀光一樣享受呢！

學著英國人過生活

食衣住行，省錢是王道

　　英國的高物價是舉世聞名的，尤其是倫敦。以居住來說，在倫敦隨便租個一房一廳一衛浴的十坪公寓，一個月租金就要價六萬台幣以上！飲食方面，除非自己煮，否則外食費用相當驚人，像是超市裡隨便一個三明治都要台幣兩百元左右、一杯外帶珍奶台幣一百七十元，更遑論到餐廳坐下吃飯，只點個兩、三道菜，台幣一千多元就飛了。至於交通費也是高得嚇人，且連年調漲，搭一趟公車約台幣七十五元，單趟地鐵台幣七十五至兩百多元不等（視距離而定）。也因此，在倫敦生活，即便過得再簡約樸實，生活費還是高得讓人喘不過氣來。

　　不過，在倫敦住久了，還是可以發現許多撿便宜的小撇步！比如超市每天到了快關門的前一、兩個小時，就會把當天快要過期的三明治、水果、冷義大利麵、烤雞等食物貼上特價標籤。這一貼可不得了！原本台幣兩百多元的東西，瞬間下殺到只剩台幣三十元，買回來當成晚餐或是隔天早餐，保證省下不少荷包。

　　此外，我在朋友的推薦之下，買了一張叫Tastecard的卡片（當初特價二十多英鎊）。有了這張卡，便可以在卡片效期一年內，於英國上千家的餐廳中，享有買一送一或是五折的優惠。比如說，原本點兩份義大利麵大約要花費二十六英鎊

（約台幣一千三百元），但有了Tastecard，就只需要付台幣六百五十元，換算下來，就跟在台灣吃義大利麵的費用差不多呢！

還有就是，雖然倫敦市內的交通費非常貴，但是想要搭交通工具「出城」，卻是意想不到地便宜。有一間一鎊巴士公司叫megabus，只要在出發前一、兩個月上網訂促銷票，可以買到一鎊（約台幣五十元）的巴士票，前往英國其他城市；而想要到歐洲玩的話，有十幾家「廉價航空」可以選擇，機票一樣也是越早訂越便宜，有時候花個一千多元台幣，就可以從倫敦飛到歐洲旅行。

而我覺得倫敦最棒的地方，是有太多適合小朋友去的地方，而且都是幾近「免費」，像是公園的兒童遊戲場（Playground）、兒童中心或教堂辦的兒童遊戲團體（Playgroup），甚至還可以花一鎊帶孩子去看電影！所以說，雖然住在物價「貴森森」的倫敦，但從中找到省錢的方法，也是一大樂趣呢！

愛上曬太陽、英式下午茶

在台灣，很多女生一看到太陽出來就馬上躲在陰影下、撐著陽傘或狂擦防曬乳液，但在英國卻只要一出太陽，公園裡的人潮

就會湧現，大家紛紛跑去做日光浴，巴不得自己曬得越黑越好。

　　我常常走在公園時都會覺得納悶：為什麼英國人都不用上班（笑）？

　　每到晴天，倫敦人最熱門的活動之一，就是帶著一張野餐墊，去公園野餐。我們一家子當然也不例外，因為歐洲的太陽曬起來真的好舒服啊！很乾爽，也不太會流汗。

　　此外，歐洲人的步調真的很慢，光是坐在草地上野餐、曬太陽，或是在咖啡廳、下午茶餐廳聊天休息，就可以耗掉一個下午的時間。

　　雖然在台灣，越來越多提供「英式下午茶」的餐廳，但是跟倫敦的英式下午茶餐廳比起來，不論氣氛、裝潢、餐點，還是有一小段差距。

　　在我二十九歲生日當天，DDC 預訂了倫敦非常有名的下午茶餐廳 RITZ，我們一家三口第一次穿得一身正式，優雅地坐在天花板挑高的餐廳裡，一邊聽著輕柔的鋼琴演奏、一邊享用最道地的三層式下午茶。這樣的經驗真的很難忘！

　　回想起過去在台灣汲汲營營、步調匆忙的生活，再看著餐廳裡頭的每個人，突然覺得歐洲人真的是把「優雅」當成一種生活態度。自從搬到英國之後，我也跟著歐洲人的腳步過生活，結果我的脾氣變好了，生活步調也變慢了。原來，生活可以過得如此愜意有

品質；而女人就算當了媽媽，日子還是可以過得輕鬆自在。

請不要隨便碰我的小孩

因為小 QQ 純東方的臉孔在英國頗受注目，所以時常會有路人跑過來問我，可否拍張她的照片？某天，我帶著小 QQ 上街，有兩個年輕女生跑過來說：「妳女兒好可愛，可不可以拍她？」基於拒絕人家似乎不禮貌，我答應了。沒想到，她們用手機拍完照之後，其中一個女生突然把小 QQ 抱起來，親了她的臉頰一下，然後轉身跟我們說掰掰，隨即揚長而去，只留下一臉錯愕的我，但那時我突然有點覺得不受尊重。

我反覆地想著，這樣的行為是不是沒有禮貌？她們是否因為看到我們是外國人，所以吃了我們豆腐？到底是西方人比較熱情，還是我想太多？

直到後來，交了一些住在英國當地的媽媽朋友，跟她們聊天之後才發現：雖然西方人較熱情沒錯，但是在英國，沒有經過爸媽的允許，是不能隨便碰觸別人的小孩的，更何況是親和抱！大多數的父母，對於陌生人希望拍孩子的要求，也都會非常直接地回絕。

所以囉，大家如果來到英國觀光，請注意不要看到路上的外國寶寶很可愛，就隨意拿起相機或手機對著人家拍照喔！更不要去隨意碰觸小朋友，因為這樣是相當不禮貌的行為呢！

讓孩子在體驗中學習的國度

　　帶著孩子在英國生活不容易，但當我努力帶著小 QQ 探索這個全新的世界時，漸漸發現到，英國是一個多麼適合孩子快快樂樂地成長，並且從生活體驗中學習的國家。

帶著小 QQ 逛超市

　　在英國不像在台灣一樣，隨處可見二十四小時營業的便利商店，但是大大小小的超市林立，以生活機能來說，算是非常方便。英國最常見的大型連鎖超市就屬 TESCO、Sainsbury's、Marks & Spencers(M&S) 跟 Waitrose 了！雖然它們賣的東西大同小異，不過前兩者較為平價，後兩者則是所謂的貴族超市，食材品質好，但價格也相對高。

　　我們租屋的周遭生活機能很好，四大英國連鎖超市這邊都有分店，尤其是 Sainsbury's，從我們家走路兩分鐘內就可抵達，而且因為是屬於大型規模的超市，無論是生鮮、蔬菜水果、熟食、乾貨、生活用品、寶寶用品等，這裡都買得到。

　　帶著小 QQ 逛超市是我每隔一、兩天就會有的行程，在超市裡，我可以帶著小 QQ 認識各種青菜、水果、魚肉、蛋等食材，甚至讓她自行挑選喜歡的食物，並且教導她一些日常用品的中英文名稱。比起在家裡看圖卡學習，我認為倒不如直接帶著孩子一起去採買，當作戶外教學。

　　長期陪著我逛超市，現在小 QQ 不但每一種食物幾乎都認得，也開始懂得助媽媽一臂之力了。比如說，她會幫我把食物拿到櫃檯結帳；或是東西很多時，她也會幫我提著一小袋食物走回家。有了這位小小幫手，我不但生活不孤單，還比較輕鬆呢！

公園是大自然的學習教室

　　在倫敦，隨處可見面積非常大的公園（出了倫敦之後更是如此），而且只要是有規模的公園，裡面大多會設置一至兩處面積非常大的兒童遊戲場（Playground）給小朋友玩耍。除了遊樂設施多元之外，也會定期做維修，旁邊還有許多桌椅可以供家長們休息或是野餐。更棒的是，這些兒童遊戲場的外圍都會用安全圍欄圍住，較大型、有規模的遊戲場還會有警衛站崗，規定只

有帶小孩的成人才能進入,非常安全有保障。

　　在這裡,不僅可以消耗小 QQ 的體力,不怕她亂跑走丟了,還可以順便交朋友、練英文(笑)。

　　而且我發現,倫敦的公園對於生態保育非常重視,光是一個公園,就可以看見十種以上的鳥類。鴿子、鴨子、天鵝就在人群周圍散步,有的公園甚至還飼養孔雀。公園裡也可以看見小松鼠的蹤影,只要手中有食物,牠們就會自動靠近。

　　此外,英國屬於溫帶國家,一年四季分明。想要辨別春夏秋冬,來到公園就可親身體驗。春天的時候,我帶著小 QQ 到公園看花;夏天的時候,我們到公園玩水跟玩沙;秋天的時候,是撿落葉的好時機;到了寒冷的冬天,這裡是最棒的打雪仗跟堆雪人的場所。從一個母親的角度來看,倫敦公園無疑是孩子們學習、體驗大自然最棒的教室!

免費的育兒交流場所

　　英國的天氣是以「糟透」出了名,一年之中,絕大部分的日子都是陰天跟細雨天,所以天氣不好的時候,帶小 QQ 去室外的

公園跟兒童遊戲場也只是累慘自己而已！

　　搬來倫敦一陣子後，我認識了住在當地的媽媽們，才知道原來英國非常盛行兒童遊戲團體（Playgroup），如果媽媽沒帶學齡前孩子去過Playgroup，可就落伍了！Playgroup是每一區域的教堂（Church）或是兒童中心（Children Centre）針對孩子所舉行的活動，它們都會定期開放場所，供應很多玩具讓小朋友進去玩，有些是免費的、有些需要捐獻1～2英鎊；除了提供玩具之外，也會定期舉辦一些像是唱跳課、足球課、說故事等的活動。透過Playgroup，可以協助家長了解孩子的發展跟需求，也可以讓媽媽們彼此做一些育兒上的交流，更可以讓小朋友們在學齡前慢慢地適應團體生活。

　　此外，博物館也是一個非常適合帶小朋友去的地方。英國百分之八十以上的博物館、美術館都是免費的，一些像是科學博物館、自然史博物館，都是倫敦非常熱門的兒童校外教學場所。在這裡，可以帶著孩子認識科學、看看動物標本，認識動物，更可以遮風避雨，博物館內更有氣氛優美的咖啡廳，讓媽媽可以帶著

孩子坐下來好好休息、用餐，也難怪每次下雨天帶小 QQ 來到這裡，依舊是人潮洶湧哪（笑）！

孩子不分國界，玩在一起

剛搬來英國的時候，小 QQ 只是個不到一歲半的孩子，熱情大方的她，拋開語言不通的問題，到哪兒都可以和當地小朋友玩在一起。一開始，我不太了解她是用什麼方式和外國小孩溝通的，只知道就算其他小朋友嘴裡說著英文、小 QQ 用中文回應，彼此還是可以玩得很熱絡。

後來我發現，也許是因為純東方的臉孔在英國算是特別的，所以大家都特別喜歡和小 QQ 玩。常常有外國小孩跑來跟我說，小 QQ 長得很可愛，很像 Hello Kitty；年紀比較大的小姐姐，也都會主動來照顧小 QQ，久而久之，小 QQ 在交朋友上表現得更為落落大方，也開始學會用簡單的英文單字，和其他人溝通。

我想，對於孩子來說，學習英文的動力其實是在於想要和同儕一起玩、一起交流，交朋友並沒有語言、國界之分！反觀已長大成人的我們，常常會因為語言或是文化上的不同，反而羞於和外國人溝通、讓彼此之間有所隔閡。所以，我們或許要跟孩子好好學習一下他們的勇氣跟行動力了！

小 QQ 與雪的第一次親密接觸

盼了好久，二○一三年一月中的某一天，倫敦終於下雪囉，而且還一連下了三天呢！從未看過雪的小 QQ、和二十九年來只看過兩次雪的我，看著窗外，雪花一片一片從天空中降落，忍不住大聲驚呼了起來。

雪才下不到幾小時，路面、屋頂跟樹上就像撒了糖霜一樣，超美的。這時侯，我趕緊把小 QQ 包成米其林寶寶，準備出門去超市、順便欣賞美麗的雪景。沒想到，一打開大門，小 QQ 看到瞬間變白的路面，居然害怕了起來，遲遲不敢踏出一步，嘴裡直嚷著：「不要踩～～我不要下雪～～」

那時候，我不知道在大門前幫她做了多少次心理建設，我邊踩著雪、一邊跟她說：「雪很可愛喔，踩起來軟軟的，妳看媽咪，最喜歡走在雪上面了。」

小 QQ 躊躇了很久，終於踏出門了，只是……她走得超級慢、超級謹慎，一段三分鐘的路程，我們走了快二十分鐘才到（最後小 QQ 還是被我抱起來走到超市的），途中我覺得自己都快要被凍傷了。幸好回程時，看到路上有小朋友在玩雪、堆雪人、打雪仗，小 QQ 漸漸卸下了心房，也比較敢放膽走在雪地上面。

隔天剛好是週末，雪也還在下，我們一家三口一大早起床吃完早餐後，就趕緊穿上禦寒衣物，打算出門玩雪去。有了昨天和雪的第一次親密接觸，小 QQ 這次膽子就大多了，她跟隨著爸爸一起摸雪、滾雪球、堆雪人，當雪人成型了之後，小 QQ 還對著

雪人說：「哈囉！」看樣子是把它當成朋友了呢！

　　一直以來都住在亞熱帶台灣的我們，看到雪的機會真的少之又少。小 QQ 可以透過手的觸碰感受雪的冰冷，用腳去踩踏感受雪的柔軟，用眼睛去看、去享受雪覆蓋在大地的純白世界。真的沒有什麼其他方法，能夠比親身體驗這件事還要更讓人回味無窮了！

在沙堆中打滾

　　以前在台灣的時候，我從未帶小QQ玩過沙，在來到英國之後，發現這裡的小朋友好喜歡玩沙，父母都會讓孩子在沙堆中盡情地打滾。在倫敦比較有規模的兒童遊戲場裡，都會特別設置一區玩沙的區域，因為有管制，不會讓沒有小孩的成人或是寵物進入，所以玩沙場所真的非常乾淨。

　　還記得小QQ第一次踩進沙裡的時候，直嚷著說：「腳腳好髒！」然後從頭到尾都是大囧臉！後來，我回到家後給她持續做心理建設，還特地找了英國很紅的Peppa Pig在泥堆中打滾的卡通影片給她看。幾度嘗試之後，小QQ終於克服了心理障礙，開始享受玩沙的樂趣了，現在甚至還會把沙子整個倒在頭上，結果換成我要做心理建設了（笑）！

　　總之，撇開什麼沙中細菌多、不衛生的觀點，玩沙的好處可是很多呢！像是沙子跟泥土這種不是固定形體的特性，可以發展幼兒觸覺和感覺的靈敏性，而且透過用手指揉、抓、捏、拍等動作，也可以促進手部小肌肉和骨骼的發展，以及腦部創造力的開發。所以囉，天氣好又不知道帶孩子去哪兒玩嗎？請多多帶孩子去玩沙吧！

對孩子超友善的英國人

　　搬到英國後令我感受最深刻的事，應該就是英國人對於小朋友非常友善、不吝於稱讚的態度吧。在台灣，如果帶著小QQ出入公共場合，要是她哭鬧不休，第一個感受到的就是四周的人投來「關注」的目光。然而在英國，隨處可以見到小朋友在路上奔跑、嬉鬧、嚎啕大哭的情景，可是我發現沒有人的臉上會出現「不耐煩」的神情，所有的人都會用微笑來回應。

　　走在倫敦街頭，隨處都可以看見推著娃娃車，帶小孩出來逛街、散步、喝下午茶的父母。當我帶著小QQ走在路上，也許是因為她純東方的面孔，很多陌生人會特地走過來跟她說話、逗她玩，這些人除了一樣給小QQ大大的笑容之外，也會大方地稱讚：「She is adorable」、「She is like an angel」……這些友善的舉動，都一改我過去對於英國人「高傲、冷漠」的刻板印象。

　　自從帶著小QQ來到英國之後，她的活動力變大了，笑容也變多了，我帶孩子出門的心情，也從原本的侷促不安，轉變得悠閒自在，獲得更多單純的快樂。

在英國找不到親子餐廳？

在台灣，許多父母帶著孩子外出時，會刻意找尋「親子餐廳」用餐，比較沒有壓力。然而，來到英國後我發現，居然找不到親子餐廳的蹤影。我仔細觀察過後，發現是因為幾乎每一間餐廳都會備有小朋友專屬的菜單、足夠的小孩餐椅、廁所也有尿布台，很多店家還會直接贈送畫筆或是拼圖等小玩具給兒童消磨時間。如果小朋友真的失控哭鬧，其他客人更不會投以「異樣」眼光，甚至還會幫忙一起逗弄小孩。

對英國人來說，孩子就是一個小客人，父母也有和平常人一樣在餐廳用餐的權利，會被給予高度尊重。也許因為小孩子常常跟著父母一起在餐廳吃飯，久而久之，他們也懂得在餐廳用餐的規矩，相對地，行為上也不容易失控。

小QQ受傷急診記

二〇一三年八月的某一天，小QQ不小心在家裡的樓梯口跌倒，額頭撞到樓梯角，撞出了好大一個傷口，當場血流如注。

當時我跟DDC雖然已搬來倫敦近一年，但之前從沒遇過受傷或生病需就醫的狀況，完全不了解英國的醫療系統。慌張的我們，先是緊急打999電話叫救護車，但救護人員說星期天較繁忙，不知道車子何時來到，所以在電話中先用口頭指導我們止血的步驟。

我只好用顫抖的手，拿布幫小QQ按壓止血，DDC則翻出家裡的醫藥箱，一邊和遠在台灣的家人視訊，一邊依照我公公（DDC的爸爸是醫生）的指令幫小QQ做簡易的包紮。

我的心情真的只能用「無助」兩個字來形容。我只記得，自己根本不敢直視小QQ的額頭，因為只要一瞥見上頭的傷口，有如嘴唇形狀般裂開，又滲著血，我的淚水就會止不住地一直流。

手忙腳亂地把小QQ的傷口貼起來之後，我打電話給在英國認識的醫生朋友，他們一家人立刻放下手邊的事，帶著懷中的新生寶寶，馬上趕來我們家，並且幫我們四處打電話詢問可以去哪間醫院看小兒科急診（在英國，一般醫院週六、週日是不開門的）。後來，得知距離我們家約二十分鐘車程的地方，有一間還滿有名的Chelsea and Westminster Hospital，星期

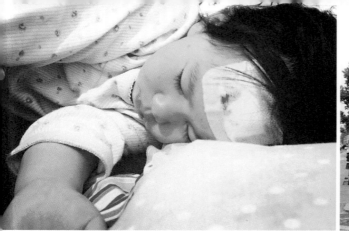

天有接收小兒急診，於是我們立刻叫了計程車前往醫院。

原本以為到了醫院之後，小 QQ 就可以立即見到醫生，趕緊把傷口縫合。沒想到，填完急診單之後，我們在醫院等了將近三個小時，晚上八點才見到小兒急診室的醫生。第一位醫生先進來，他看了小 QQ 的傷口之後，嘆息了一下，並且搖了搖頭，表示傷口非常大，應該要進行縫合手術。可是在英國，如果要幫孩童進行縫合手術，是需要動用到全身麻醉的，所以他必須請另外兩位美容科醫生評估，在彼此討論過後，才有辦法做決定，看是要用黏合的方式處理傷口，還是需要進手術室進行縫合。

我們又在診療室裡等了一陣子後，終於等到了美容科醫生。她進來看了傷口之後，決定先試著用醫療膠把小 QQ 的傷口黏合。但是嘗試了好幾次，因為小 QQ 的傷口實在開太大，根本黏不好。在黏合的過程中，小 QQ 痛得大聲哭喊著：「媽媽、媽媽，我好痛！」我在旁邊聽到，心都碎了……

後來，美容科醫生見狀況不佳，經過幾個小兒急診醫生討論之後，便決定動縫合手術。小 QQ 的傷口是被排在所謂的

Plastic Surgery，也就是整容手術，然而星期天並沒有麻醉跟整容手術門診，所以必須要等到隔天星期一的早上，才能進行手術。於是，急診醫生先替小QQ做簡易的包紮之後，請我們明天一早再回到醫院看門診！

那天，歷經小QQ受傷到前往醫院，長達六個多小時的掛號、等待、諮詢、評估、簡易包紮的過程中，我不知流了多少眼淚。有人說為母則強，但遇到這樣的突發狀況時，我才發現，自己真的不夠堅強……。

隔天一早七點，我們帶著小QQ再次回到醫院報到。原以為可以馬上開始治療，結果又是一陣等待，等到中午十二點，護士才過來，請我們進去診療間。

幫小QQ診療的醫生，先是看了一下小QQ的傷口，並重新了解前一天的事發經過，接著就請我陪著小QQ進到手術房，DDC則必須在外面等待。我牽著小QQ，和她一起到手術房，心裡五味雜陳，喜的是終於可以縫合她額頭上的傷口，難過的是她年紀這麼小就必須經歷手術。

一開始是全身麻醉。手術房裡的醫療團隊大約有五、六人，陣容龐大到我有點嚇一跳！工作人員請我安撫小QQ並且壓住她，於是我只能強忍住淚水，和醫護人員一起把不斷想掙脫的小QQ給按住。當麻醉師把氧氣罩罩住她的口鼻，幾番掙扎之後，小QQ昏睡了過去，接下來我就被請到外面的休息室和DDC一起等待了。

　　約莫過了半小時，再看到小 QQ 的時候，已經是在恢復室裡面，她正嚎啕大哭，並且不斷嘶吼，沒有因為看到我而停止哭泣。當時還昏昏沉沉的她，根本是六親不認，還不斷想把手上的針頭給拔掉。她在我緊緊的懷抱中哭喊了大約有將近一小時，才慢慢地從麻醉中清醒。

　　令人欣慰的是，縫合手術很成功，小 QQ 的傷口復原狀況良好，很快就恢復以往活蹦亂跳的樣子了。經過這一次的經驗，我跟 DDC 深切體會到，什麼是「傷在兒身、痛在娘心」，也明白了當遇到問題時，再怎麼樣，做父母的都必須要比孩子更堅強才行。

在英國生病時，如何就醫？

英國的國民健保（National Health Service，簡稱 NHS）是歷史非常悠久且相當完善的制度。除了公民之外，持合法居留簽證的外來居民（比如工作簽證、學生簽證），都可以享受到 NHS 的福利。

一般來說，像我們這種持長期居留簽證的外國人，一到當地，就可以攜帶護照以及有地址跟名字的帳單（以證明自己住在附近），到家裡周遭的診所（Surgery）註冊家庭醫生（General Practitioner，簡稱 GP）。在診所裡填寫完 GP 申請單後，護士就會幫你做一些基本的健康檢查、並且安排與醫生會談。接著在兩週後，就會收到一封 NHS 的信件，信件上會詳載 NHS 醫療編號、家庭醫生的名字等相關資訊。

而在登記 GP 之後，日後如果生病或是有任何健康上的狀況，都可以到 GP 報到。家中有小孩者，GP 也會告知父母什麼時候該帶小朋友去打預防針。而且，只要你是英國公民、在英國工作，甚至持六個月以上的學生簽證及眷屬，所有 NHS 醫

療的相關費用全部都是「免費」的（私立醫院除外），而且英國是屬於醫藥分家的國家，看完 GP 之後，醫生如果有開處方箋，即可以到藥局（Pharmacy）拿藥，不像台灣通常都是看完診之後直接在櫃台付費領藥。而且針對十六歲以下的孩童、孕婦、老人、低收入戶等族群，拿藥是完全免費的。

生病的時候，必須先打電話預約看 GP，通常都是好幾天後才有辦法見到醫生；如果遇到緊急狀況，某些 GP 是可以接受病患當天直接到櫃台登記排隊的，但是往往必須等待 2 ～ 3 個小時以上才能看到醫生。而且如果病情超出 GP 可診治範圍，則會轉診到專科醫生（Specialist）那裡，此時一樣也要做好等候的心理準備。

如果遇上像小 QQ 這次的緊急狀況，加上又遇到週六、日 GP 沒有開放的時間，則可以撥 999 叫救護車，或是直接前往醫院的急診處（Accident and Emergency Department，簡稱 A&E Department）掛號。不論是公民或持工作、學生簽證，甚至持觀光簽證者，掛急診都是完全免費的。

不過，英國的急診是按照病情嚴重性來排先後處理順序的，所以雖然他們不會拒收病人，但如果不是有重大病情或危及到生命安全的，一樣都要等上好幾個小時。

小 QQ 上學去

在小 QQ 滿兩歲半這天，我們決定讓她去英國的幼兒園
（Nursery）上學。主要原因是這可能是我們一家三口在英國的
最後一年了，想趁著還在國外的機會，讓她接觸全英文的環境，
和來自世界各國的孩子們相處、交朋友，這些都是回到台灣之後
無法體驗到的經驗。

上課時間彈性

英國的幼兒教育和台灣有許多不同之處。在英國，孩子四歲
就進學前班（Reception）就讀、五歲時正式進入小學。從三
歲開始，英國政府會免費補貼每年三十八週、每週十五小時的公
立幼兒園學費（部分私立幼兒園不適用），家長只需繳交少許點
心或是雜項費用；如需要更多托育時數的話，就再多付費用。至
於三歲以下的孩童若要進入幼兒園，不管是公立還是私立都要
自費。而公立幼兒園雖然便宜，但是假期非常多，像是英國的
Bank Holiday 或是學校的 Half Term，都會跟著放假，每
天能托育的時數也較短；私立幼兒園則很多幾乎都全年無休，只
有週休二日跟聖誕假期，每天也開放將近十一小時的托育時數。

從老師跟學生的比例來看，在英格蘭地區，三到五歲的師生比
是 1 比 8，意即一個老師照顧八個學生，三歲以下則是 1 比 4。

此外，英國幼兒園的上學時間是很彈性的，可以自由選擇上午班、下午班或是一週上幾天等。這樣彈性的安排，主要是因為英國當地提供許多兼職（part-time）工作，讓英國婦女在外出工作的同時，還是有時間可以自己帶孩子，而不會剝奪她們教育孩子的權利。對我們這種全職媽媽來說，由於時間彈性，送孩子去上學比較不會捨不得，孩子也可以慢慢適應上學的生活。

　　英國的幼兒園並沒有固定的授課時間表，比如說早上十點要上什麼課、下午兩點要做什麼之類的，更不會要求幾歲以前，一定要教會孩子什麼。這裡的幼兒園強調「從玩樂中學習」，比較偏向為孩子設立「學習角落區」，比如說一區是美術角落、一區是畫畫角落、另一區是閱讀角落等，讓小朋友能夠在自己喜歡的角落中探索與學習，培養孩子的自主性、獨立性以及解決問題的能力。

尋覓適合的幼兒園

　　一開始在找尋小 QQ 就讀的幼兒園時，我是先從住家附近的幼兒園著手，然後一一打電話預約參觀（幼兒園也會有 Open Day，對外開放，讓家長們進去參觀）。很多家長都會參考英國的 OFSTED 教 學 評 鑑（www.ofsted.gov.uk）來選擇幼兒園，我也去了附近被評比為「傑出」（Outstanding）的一家幼兒園參觀，並且讓小 QQ 試讀一週看看。

　　試讀期間是不需要繳學費的，每天去學校的時數大約兩至四個小時。頭一兩天，我可以跟著小 QQ 一起待在教室裡，接下來幾天送她進教室之後，約莫五分鐘左右就必須離開她的視線。但一個星期下來，我對於這間幼兒園非常不滿意，一來是這間被評為「傑出」的幼兒園空間真的很小、小孩又多，我覺得小朋友待在裡面都快要堆疊在一起了！再來就是衛生問題，不管是教室、廁所、用餐等地方，都很不乾淨；再加上老師的態度也不優，感覺是在放牛吃草，就算英國幼兒教育強調的是從玩樂中學習，我也沒有感受到他們有在「關心」或「觀察」孩子的行為。也因此，試讀不到五天，我決定跟這間幼兒園說再見。

後來，我發現距離我們家走路不到兩分鐘的地方，開了一家全新的幼兒園。雖說是全新，但這間幼兒園在英國其他地區已經有好幾間分校。試讀了幾天之後，我對於這所幼兒園相當滿意，因為不論是玩具、教具、硬體設施都非常乾淨且多元化，每間教室都精心規畫了不同的玩樂角落，用餐的區域也完全分開，還有小朋友專屬的廁所。除了室內空間寬敞之外，室外的遊樂空間也足夠，小朋友可以在室外空間溜滑梯、玩沙、玩水等等。此外，一個班級的學生不超過十二人，師生比有很嚴格的控管。因此，在試讀一星期之後，我就決定繳交報名費了。

上學分離焦慮症退散！

雖然我很期待小 QQ 在幼兒園中會獲得學習與成長，但也因為放心不下，幾番考慮之後，我只幫她報名了三個半天。

當然，搬到英國之後，小 QQ 已經習慣於跟我朝夕相處的日子，對我十分依賴。現在，突然之間要她離開媽媽的身邊，分離焦慮與不安全感是在所難免的。對於我來說，也是萬分不捨。還記得一開始送她進教室的時候，母女倆每次都要上演十八相送的戲碼，她在裡面哭，我在外頭也忍不住哭了出來！幸好幼兒園的老師很有耐心，慢慢引導小 QQ 熟悉四周的環境，帶領她認識新朋友；由於英語並非小 QQ 的母語，老師更是投注了許多心力教導她學習英語。

就在小 QQ 整整哭了三個星期之後，有一天我送她去上學

時，她居然直接跟我說掰掰，也沒有哭泣，從此之後，她就變得很喜歡去幼兒園！我知道，她已跨出了獨立的第一步了！

學習獨立自主的環境

小QQ念的這間幼兒園，共有三間大教室。一間是0～1歲的Baby Room，一間是1～3歲的Toddler Room，最後一間則是3～5歲的Preschool Room。小QQ入學的時候已經兩歲半，雖然語言上有隔閡，但老師觀察她的其他發展，認為可以提前進入Preschool Room，所以小QQ便成為那間教室中年紀最小的學生。

英國幼兒園是玩樂導向的，英國的老師非常鼓勵小朋友多去嘗試探索、學習，並且培養獨立思考的能力。相對的，在這種環境中成長的孩子，也因為不是被動學習，而比較獨立且富有創造力跟想像力。

還有一點很棒的是，幼兒園的設備跟用具一應俱全。在台灣，家長因為擔心衛生問題，小朋友上學時幾乎都要背著一個大背包，裡頭裝著餐具、水杯、手帕、室內鞋、睡袋等等。然而在英國，家長幾乎都是空手送孩子去上學的，因為學校裡什麼都有提供，老師也認為小朋友應該要學著接受「不是自己平常所習慣

使用的用品」。像小 QQ 是下午班的課，剛好遇上四點半的晚餐供應時間（英國的孩子晚上七點前就會上床睡覺了），每到用餐時間，老師就會引導學生們到廁所洗手，然後一起圍在餐桌前吃飯。一開始，小 QQ 還不太能接受學校提供的餐具，而且他們甚至連圍兜兜都不提供，導致每次回到家，胸口都一片髒兮兮。而且在家裡吃慣了中式口味的小 QQ，很不習慣吃純西式食物，比如說小黃瓜整條拿起來啃、硬麵包整塊拿起來咬。但久而久之，她卻也漸漸習慣了英國的口味，每一餐都吃得津津有味。老師跟我說，小 QQ 是班上的大胃王，常常可以一個人吃兩份餐點呢！

在玩樂中學習第二外語

英國（尤其是倫敦）的外來移民非常多，歐盟各個國家的人更因為沒有簽證問題，可以自由地到英國找工作，所以在小 QQ 班上，不過只有八個學生，就有一半以上是非英國人。一開始我非常擔憂小 QQ 的語言問題，畢竟她和我們在家都是說中文，對於英文的認知只有單字而已。不過，老師卻給我打了一劑強心針，她說學校內大部分孩子的母語都不是英語，可能是德語、法語、西班牙語等，但是來到學校之後耳濡目染，再加上孩子兩到五歲時的語言學習能力超乎想像，很快的，他們就會開始說英文了。

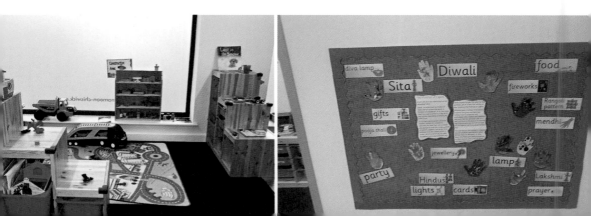

果不其然，一段時間之後，我發現小 QQ 的英文有非常明顯的進步。上幼兒園之前，我多半只教她一些生活中會用到的英文單字，比如說看到桌子，就跟她說中文是桌子、英文是 table。進入學校之後，小 QQ 已經可以更清楚地辨別中英文的不同之處，甚至還可以手寫 A ～ Z 的英文字母；然後，她的英文單字量增加得非常快，不時從嘴裡說出一些英國腔的英文句子。最棒的是，她開始有想要和其他小朋友一起玩的意願，所以儘管知道的英文句子很有限，她還是努力用英文和別人溝通。

　　看來，讓小 QQ 親身體驗異國教育，並於學齡前在全英文的環境下成長，對於她的語言學習跟人格養成，是有非常正向的影響的。

Chapter Three

跟著 QQmei 遊倫敦

倫敦是一個對親子非常友善的城市，除了綠地廣大且普遍之外，很多地方都會定期舉辦與小朋友相關的活動，而且絕大部分都是免費的。對於每天帶著小QQ出門跑跳的我來說，只能說倫敦真的是適合兒童快樂成長的地方，也難怪我在路上行走時，隨處都可以看見推著娃娃車散步的父母們。

適合帶孩子趴趴走的好去處

海德公園探四季

網站：www.royalparks.org.uk/parks/hyde-park

海德公園（Hyde Park）是倫敦最大的城市綠地，面積有一百七十二個足球場這麼大，相當於六座大安森林公園。它的地理位置非常棒，環境極優，放眼望去全部都是綠樹、大草原跟人行步道。走在公園裡，完全不會感受到原來自己正置身在繁忙的倫敦市區，也因此，海德公園是倫敦人的最佳休閒去處之一，他們在那裡進行慢跑、野餐、散步、遛狗……等活動，十分悠閒。

免費

免費

歡樂的遊戲場：肯辛頓花園

網站：www.royalparks.org.uk/parks/kensington-gardens

交通資訊：如要到肯辛頓宮，可搭地鐵到 High Street Kensington 站，步行約十分鐘；如果要到黛安娜王妃紀念兒童遊戲場，則可搭地鐵到 Queensway 站，步行約三分鐘即可抵達。

　　肯辛頓花園／公園 (Kensington Gardens) 和海德公園在地圖上看起來是一氣相連的，很多人會把肯辛頓花園視為海德公園的一部分；不過，嚴格來說，兩者是屬於不同的公園。肯辛頓花園最著名的，莫過於黛安娜王妃生前的住所肯辛頓宮 (Kensington Palace)，現在是威廉王子與凱特王妃的居所喔。宮庭前方的圓池 (Round Pond)，是我跟 DDC 最喜歡帶小 QQ 遊玩的地方之一，在這裡除了能欣賞風光明媚的景色之外，還可以帶小 QQ 認識各種鳥類。而沿著肯辛頓宮前方的大路 (The Broad Walk) 一直走，在秋天的時候彷彿走在金色步道之中，我最喜歡帶著小 QQ 在此散步，到處收集美麗的落葉。

　　此外，沿著 The Broad Walk 往肯辛頓宮的反方向走，則會抵達一個小朋友的天堂——黛安娜王妃紀念兒童遊戲場 (Diana Memorial Playground)。這座 Playground 是

為了紀念黛安娜王妃關懷兒童所建，入場是完全免費的，入口處會有專人管制，只有帶著小孩的大人才能進入。裡頭除了常見的盪鞦韆、溜滑梯、蹺蹺板、小木屋等各式設施外，最吸引人的莫過於一大片像是沙灘般的玩沙場。沙場的正中間有一艘超大的船的造景，讓小朋友可以爬上爬下；而沙場旁邊還有可以裝水的地方，讓小朋友能盡情用沙子塑型出很多碉堡，是孩子的夏日最佳去處！

免費

荷蘭公園看孔雀

交通資訊：搭地鐵到 Holland Park 站，步行約五分鐘即可抵達。

　　荷蘭公園（Holland Park）是倫敦一座保留完整自然生態的公園，剛步入公園的時候，會有一種置身森林的感覺。公園內部除了步道、天然林地、餐廳、日式庭園之外，也有非常適合帶小朋友來遊玩的大型 Playground；此外，園區內更飼養了孔雀，可以讓小朋友近距離欣賞難得一見的孔雀，再加上四處跳躍的小松鼠，真的是適合親子探訪的好地方呢！

Richmond Park 尋鹿

網站：www.royalparks.org.uk/parks/richmond-park

　　Richmond Park 是整個大倫敦區最大的皇家公園，比倫敦市區最大的海德公園大了七倍之多。倘若海德公園有一百七十二個足球場這麼大，那 Richmond Park 就是一千兩百零四個足球場那麼廣闊。因為它是屬於國家級的自然保育公園，園方希望盡量保持原始的自然風貌，所以裡面大部分都是森林和草原景觀，頂多開發一些柏油路供車輛進出行駛，所以與其說它是公園，我覺得它還比較類似荒原！

　　大部分的遊客來到 Richmond Park，除了野餐、騎腳踏車之外，最熱門的活動之一，就是「尋鹿」了。原來，Richmond Park 的南邊一帶，是非常知名的野生鹿放養地區，有超過六百五十頭放養鹿，包含歐洲赤鹿跟黃鹿兩個品種。

　　因為公園腹地非常廣大，遊客前來多是以開車方式進入，較少有人是搭乘大眾交通工具的（從公園入口往內走，要看到鹿，至少要走一小時以上）。不過野生鹿並沒有固定放養的地方，牠們都是在公園裡面自由自在地活動，所以要找到一大群鹿聚集的話，就得靠運氣囉！（我們帶著小 QQ 前往時，只有看到四隻）。也請記得，園區有規定，不可以距離鹿兒太近唷，也請盡量不要驚動牠們！

RICHMOND
PARK
National Nature
Reserve

20

IMPORTANT:
DANGER DEER

HORSE RIDERS:
ON TRACK
TODAY

免費

Mayfield Lavender 薰衣草巡禮

網站：www.mayfieldlavender.com

交通資訊：從倫敦市中心的 Victoria 火車站，搭火車到 Purley 站或是 West Croydon 站下車，再轉 166 公車到 Oaks Park 站下車。

　　搬來倫敦一年後，第一次遇到這裡的夏日才發現，原來倫敦的近郊就有薰衣草田，距離市中心大概一個多小時的車程，所以根本不用大老遠跑到其他國家看薰衣草，真是天大的好消息！

　　每年七月初到九月這段期間，Mayfield Lavender 會種植一整片的薰衣草，供遊客觀賞。入園雖然不需要門票，但是裡頭設置有小型咖啡店跟紀念品店，多數遊客都會在此買份薰衣草冰淇淋，或是薰衣草檸檬汁消暑。此外，紀念品店也非常好逛，像是薰衣草乳液、洗手乳、香氛用品等，都是暢銷好物呢！不過，我自己實際造訪過的感想是，現場景色雖然相當優美，但是花田上頭滿滿都是嗡嗡嗡的蜜蜂，尤其像我這種很怕蜜蜂的人，真的很難好好欣賞身旁一大片的花海，只想快速走過，生怕遭受蜜蜂的攻擊。有帶小朋友去的話，記得事先準備防蟲用品喔！

格林威治一窺海事歷史

網站：www.visitgreenwich.org.uk

交通資訊：搭輕軌電車 (DLR) 到 Cutty Sark for Maritime Greenwich 站，或是從倫敦市中心的泰晤士河多個碼頭搭船到 Greenwich Pier 碼頭下船。

　　河畔、大公園、超好玩的博物館，位於倫敦東二區的格林威治 (Greenwich)，是個非常適合「遛小孩」的地方！聽到英國的格林威治，大家第一個聯想到的應該是格林威治標準時間 (GMT) 吧！以前地理課本上面提到的本初子午線，就位於格林威治的舊皇家天文台，踩在本初子午線上面，彷彿就是一腳踏在東半球、另一腳踏在西半球。雖然現在已經不是採用 GMT 而是用世界標準時間，皇家天文台也老早就搬到別處，格林威治依舊是個觀光客必來的地區，因為這一區有好多好多歷史的古蹟，也是個風景優美的地方。

　　格林威治幾個著名的景點包括：Cutty Sark 號，那是早期負責運送茶葉及羊毛到海外的帆船，首航是在一八七〇年的時

候，載著大批的酒類前往中國做茶葉交易，是當年速度最快的帆船；舊皇家海軍學院 (Old Royal Naval College)，被譽為「英國海軍軍官的搖籃」，目前部分腹地用來作為格林威治大學，以及三一音樂學院的校區；小山丘上面的舊皇家天文台 (Old Royal Observatory)，最有名的莫過於裡頭有 0 度經線，觀光客通常都會到此一遊，想要跟本初子午線合照一張 (入內是需要門票的)，大門外的磚牆上鑲有一八五一年安裝的大鐘，至今世界各國仍以此校準本國時間。而天文台外有一個景觀眺望台，可以望向對岸的 Canary Wharf 金融區景觀，視野非常棒！

除了上述景點外，我每次帶小 QQ 來這裡，最喜歡去的莫過於可免費入場的海事博物館 (National Maritime Museum)。博物館主要展示昔日英國航海與海軍相關的文物史料，不過也有非常多可以讓小朋友動手玩的裝置。往博物館後門出去繼續走，則會進入幅員廣大的格林威治大公園 (Greenwich Park)，除了一大片草皮綠油油的，其中一個角落還有大型 Playground 跟可租船的小湖泊，是適合闔家歡樂的好地方！

大英博物館看木乃伊

網站：www.britishmuseum.org

交通資訊：搭地鐵到 Holborn 站或 Tottenham Court Road 站，步行約五分鐘即可抵達。

　　大英博物館是世界級的博物館之一，館藏雖然都是當年大英帝國自世界各地掠奪來的文物，但規模龐大，相關文物更是遍及五大洲，成為遊客來英國最首要必訪的博物館。

　　館內最值得一看的，就屬埃及跟希臘羅馬館。尤其是埃及館，可以看到很多整具的木乃伊，清楚看見其棺木、墓碑、甚至屍體，走在裡頭，不知道為什麼總有一點點陰森的感覺。如果擔心孩子們看到木乃伊會害怕，大英博物館的一樓大中庭（Great Court）有挑高設計、採光極佳，是個休息拍照的好地點唷！

自然歷史博物館的恐龍趣

網站：www.nhm.ac.uk

交通資訊：搭地鐵到 South Kensington 站，步行約五分鐘即可抵達。

　　South Kensington 地鐵站周邊，是倫敦幾大知名博物館的聚集地，這些博物館都是免費開放參觀的，館藏又豐富，使得觀光客人潮總是絡繹不絕。其中，自然歷史博物館（The Natural History Museum）擁有著壯闊的建築外觀、加上多元精采的動物相關展品，是當地父母最喜愛帶孩子來的博物館之一。

　　一進入博物館大廳，就可以看見一具巨大的恐龍化石呈現在眼前，現場看起來非常震撼，因此遊客們總會開始瘋狂地拿起相機拍攝。博物館主要分成生命館和地球館，地球館是陳列地球起源的天文學與地球演進的地質學資料，生命館則主要展出各種動物、植物、昆蟲的標本和化石，收藏的物件超過六千多萬件，可以帶著小朋友認識各種哺乳類、爬蟲類、海洋生物等。其中，生物館裡的「恐龍區」，是自然歷史博物館裡最受歡迎的參觀區域，可以看到各品種恐龍的仿真化石跟標本，還有一隻如假包換、用機械操作會動的大暴龍，彷彿走進電影《侏儸紀公園》的世界呢！

免費

倫敦科學博物館長知識

網站：www.sciencemuseum.org.uk

交通資訊：搭地鐵到 South Kensington 站，步行約五分鐘即可抵達。

　　倫敦科學博物館（Science Museum London）緊鄰自然歷史博物館，裡面不外乎陳列了人類科技的重要發明及原理，像是電腦、交通工具的演化、農耕機器等，多數也都會用遊戲互動的方式，讓大家可以輕鬆了解複雜困難的科學原理。

　　如果帶著學齡前的小朋友前來參觀，我非常推薦地下一樓的 The Garden，裡面有水流系統區、大型積木區、聲光互動等設施，讓孩子在玩樂的過程當中，學習一些簡單的科學原理。週休假日時，在 The Garden 旁邊的大房間裡，每個小時還會舉辦一場泡泡秀（Bubble Show），戶外也很貼心地設置娃娃推車停放區、休憩階梯區，這兒無疑是五歲以下孩子的玩樂天堂！因此，只要遇上濕冷的天氣，我常常會帶著小 QQ 來這邊玩，她一進來就可以玩上好幾個小時，算是個很好耗體力的地方。

免費

維多利亞與亞伯特（V&A）博物館是戲水天堂

網站：www.vam.ac.uk

交通資訊：搭地鐵到 South Kensington 站，步行約五分鐘即可抵達。

　　South Kensington 一帶，除了前面介紹的科學博物館跟自然歷史博物館之外，還有一座世界知名的維多利亞與亞伯特（Victoria and Albert Museum，簡稱 V&A）博物館。這座博物館主要展出許多工藝、美術、應用藝術等展品。

　　雖然小朋友對於 V&A 的展品，可能不如科學博物館或是自然歷史博物館感興趣，但是 V&A 有一個很棒的休憩之處，就在它的中庭庭院有一個非常美麗的淺水池，平時天氣冷的時候，參觀者會悠閒地坐在池邊喝飲料、吃甜點，而一到了夏天，這座水池就搖身一變，成為小朋友的戲水天堂，泡在水裡面喝飲料消暑，超享受！

喚起兒時回憶的 V&A 童年博物館

網站：www.museumofchildhood.org.uk

交通資訊：搭地鐵到 Bethnal Green 站，徒步三分鐘即可抵達。

免費

　　V&A 附設的童年博物館（V&A Museum of Childhood），並不是在 V&A 所在的 South Kensington 一帶，而是位於倫敦東二區的 Bethnal Green。館內主要收藏了從西元一六〇〇年至今、世界各地關於童年主題的物品，例如玩偶、衣服、木製玩具、娃娃屋、娃娃車等，館藏量非常驚人，比如說光是娃娃屋，至少就有數十樣展示品。

　　在展示櫥窗四周，都會設立一些供小朋友動手玩的美勞手作區，或是小小的玩具區，還有不定期的說故事時間。我跟 DDC 專心看展示品的同時、小 QQ 則可以在一旁操作玩樂。也因此，整個博物館的面積雖然不大，但是趣味和新奇感十足，不僅小朋友玩得開心，大人們也流連忘返。身在其中，真的會喚起很多童年的回憶喔！

購票

交通博物館體驗當司機

網站：www.ltmuseum.co.uk

交通資訊：搭地鐵到 Covent Garden 站，步行約五分鐘即可抵達。

交通博物館(London Transport Museum)所在地原本是花市，也是電影《窈窕淑女》的故事場景。現今的博物館是維多利亞風建築，展示了近兩百年來不同時期的倫敦大眾交通工具，包括了早期的馬車、火車、地鐵、電車、計程車、雙層公車等，許多交通工具都設計可進入裡頭實際感受，讓人有置身於十九世紀倫敦的錯覺。此外，博物館內也有許多可以讓人親自操作的機器，讓小朋友可以體驗擔任各類交通工具駕駛員的感覺。一樓的角落更設置了供小小孩遊玩的交通工具造型Playground，也難怪交通博物館一直都是倫敦媽媽帶孩子「遮風避雨」的玩樂好去處之一！

植物豐富的裘園

網站：www.kew.org

交通資訊：搭地鐵到 Kew Gardens 站，步行約十五分鐘即可抵達。

　　位於倫敦西南方近郊的裘園（Kew Gardens），是倫敦少數需要付費的皇家公園，也是倫敦規模最大、世界上植物館藏最豐富的植物園之一。園區裡有二十六個專業花園，一年四季的景致皆不同，也會因應不同季節，推出不同的植物和花卉展出。除了植物，最值得一看的還有園區裡的幾大溫室，每一座建築物都相當壯觀，裡頭更栽種了來自世界各地不同氣候的珍奇植物。

　　裘園裡也針對小朋友設立了室內跟戶外遊樂場，因為我有購買年票，一年內可以無限次進出裘園，加上我們家距離裘園又很近，所以我不時會帶著小 QQ 前來玩耍，徜徉在自然景致豐富的植物園裡頭，身心彷彿被洗滌過了一回。

　　因為裘園的占地非常廣大，基本上一天之內很難逛完，所以建議購票的時候先索取地圖，挑重點區域來逛，才不會花太多時間在迷路及找路上喔！

購票

俯瞰泰晤士河的空中纜車

網站：www.emiratesairline.co.uk

交通方式：搭乘 DLR 到 Royal Victoria 站，可從北岸纜車點的 Royal Dock 站上車；或是搭乘地鐵到 North Greenwich 站，可從南岸的纜車點 Greenwich Peninsula 站上車。

倫敦於二〇一〇年開始興建全長一公里、跨越泰晤士河的空中纜車 The Emirates Air Line，兩岸的終點站分別是 Greenwich Peninsula 站及 Royal Docks 站，單趟搭乘時間約五分鐘。The Emirates Air Line 於二〇一二年六月起全面對外開放，也成為新興的觀光客必去景點之一。因為這條全新的纜車可以俯瞰整個奧運村、倫敦市景跟泰晤士河河景，不管是大人還是小朋友，在纜車裡頭欣賞美景的時候，都會非常興奮愉快呢！

購票

跟皇室成員在杜莎夫人蠟像館拍張照

網站：www.madametussauds.com/london

交通資訊：搭地鐵到 Baker Street 站，步行約兩分鐘即可抵達。

　　杜莎夫人蠟像館（Madame Tussauds）最早是於一八三五年，由蠟像雕塑家杜莎夫人在倫敦設立。目前全世界在阿姆斯特丹、紐約、香港、東京、拉斯維加斯、雪梨、上海等城市都有分館。倫敦的杜莎夫人蠟像館，裡頭除了有各大歷史名人、政治人物、知名電影明星、歌手、運動名人的蠟像之外，也包括了英國皇室成員的蠟像，光是和每一尊蠟像拍照，就按快門按到手軟。雖然門票高昂，但是每天門外還是有大排長龍的旅客，假日或是暑假更是盛況空前。建議前往杜莎夫人蠟像館的前幾天，可以先上官網訂票，不但票價會有些許折扣，也可以免去排隊買票之苦！不過，進場也是需要排隊一陣子啦！

樂高迷最愛的樂高樂園

樂園網站：www.legoland.co.uk

飯店網站：www.legoland.co.uk/hotel

交通資訊：從倫敦市中心的 Paddington 火車站，搭火車到 Windsor & Eton Central 站下車，或是從倫敦市中心 Waterloo 火車站，到 Windsor & Eton Riverside 站下車；再轉乘 LEGOLAND 接駁巴士 191 或 200 號即可抵達。

　　樂高樂園（LEGOLAND）目前全世界在丹麥、英國、馬來西亞、德國及美國加州與佛羅里達州共有六座分園，而英國樂高樂園的所在地，是位於倫敦近郊的觀光勝地溫莎（Windsor），交通上還算方便。樂園裡隨處可見用樂高堆疊而成的人物、動物跟造景，彷彿整座樂園都是由樂高積木打造而成，讓孩子們跟樂高迷為之瘋狂！園區內清楚規畫十一個分區，包括 Lego City、Land of Adventure、Lego Kingsoms、Traffic、Pirate Shores 等主題區。

　　由四千萬個樂高積木塊打造而成的小小世界（Mini Land）主題區，是遊客爭相拍照留念的地方，裡頭彷彿是美洲

及歐洲各城市的小小縮影，其中，由樂高所拼成的倫敦各個縮小版景點，相當壯觀且吸睛，非常值得一看！此外，多數遊樂設施都有身高限制，70%以上的設施是身高九十公分以下的小朋友不能搭乘的，所以樂高樂園還貼心地設立了 Duplo Valley 區，是個專為一到三歲小小孩所打造的主題區。裡面有玩水廣場、Playground、故事劇場、小火車等，光是在這裡，小QQ就可以流連忘返好幾個小時。不過，因為樂高樂園的主要客群是家庭及十一歲以下兒童，不只 Dupleo Valley，絕大部分的遊樂設施都是較為歡樂、溫和而不刺激的，如果是追求刺激冒險設施的遊客，來這邊可能就會大失所望了！

如果時間充裕，建議還可以在 LEDO Resort Hotel 住上一晚，裡頭的每一間房間都布置成樂高布景，飯店內就有玩水設施，餐廳區也布置得相當可愛。傍晚樂高樂園關閉之後，房客可回到飯店休息、享用晚餐，同時間在舞台區也有樂高人物出來帶動小朋友唱唱跳跳，超級歡樂！入住隔天，還可以享有多一天的免費入場優惠喔！

QQmei 推薦親子散步路線

倫敦塔橋周邊

交通資訊：搭地鐵到 Tower Hill 站，步行五分鐘，即可來到塔橋周邊。

　　倫敦塔橋（Tower Bridge）的周邊，是我跟 DDC 最喜歡帶小 QQ 散步的地點。我們通常會先到附近的 Borough Market 食物市集購買食物外帶之後，慢慢散步至倫敦塔橋附近，一邊欣賞風景、一邊享用美食。從食物市集走到塔橋這一路上，有非常多值得一看的景點，像是貝爾法斯特號（HMS Belfast）、海斯商場（Hay's galleria）、市政廳（City Hall）等。

　　倫敦塔橋不只是個知名景點，也是一座人跟車子都可以行走的橋，當遇上大型船隻要經過的時候，塔橋的橋面就會升起，不過這種機會算是千載難逢，有遇上就真的很幸運呢！

　　從塔橋的南岸過橋到北岸，是另一個知名景點倫敦塔（Tower of London），倫敦塔裡的每個塔都有不同的收藏跟歷史典故，入內參觀估計要花一小時左右。

白金漢宮

網站：www.royal.gov.uk/royaleventsandceremonies/
changingtheguard/overview.aspx

交通資訊：搭地鐵到 Victoria 站，步行約五分鐘即可抵達。

　　白金漢宮（Buckingham Palace）是英國女王伊莉莎白二世居住的宮殿，周邊被綠園（Green Park）和聖詹姆士公園（St. James Park）圍繞，綠意盎然。每個週日，白金漢宮前的步道還會禁止車子行駛，只開放給人行走，我跟 DDC 都是挑週日帶著小 QQ 來此地散步跟拍照。而不論是週間還是週末，在宮殿的圍欄外頭，總是聚集著不少觀光客，以及圍觀衛兵交接的人潮。雖然平時不能進宮殿參觀，但一年一度的暑假期間，當女王公出的日子，就會開放白金漢宮部分的房間給大眾參觀。

　　白金漢宮最有名的活動之一，就是衛兵交接（Changing of the Guard）儀式。衛兵交接時間是在早上的十一點半，舉行日期則是每個月不一，有些月份是每天舉行、有些是隔日舉行，建議要前往之前先上網站查詢活動日期。因為每到衛兵交接儀式的時間，現場總是人滿為患，建議如果想要站在最佳視角，就要提前一小時到現場卡位。

聖保羅大教堂

交通資訊：搭地鐵到 St. Paul 站，步行約一分鐘即可抵達。

　　聖保羅大教堂（St Paul's Cathedral）是僅次於梵蒂岡聖彼德大教堂的世界第二大圓頂教堂，也是倫敦天際線的主要構成之一。遊客購買門票入內後，可以爬五百多個階梯攻到圓頂頂端，俯瞰美麗的倫敦市景。此外，英國歷史上幾個重要的儀式都曾在此舉行，像是前英國首相邱吉爾的葬禮，以及一九八一年查爾斯王子和黛安娜王妃的婚禮。而我和 DDC 喜歡帶著小 QQ 來到聖保羅大教堂的周邊草地野餐，或是走一小段距離來到千禧橋欣賞泰晤士河兩岸美景。千禧橋（Millennium Bridge）是一座很有現代風格的橋梁，由建築師 Norman Foster 所設計，也是哈利波特第六集《混血王子的背叛》的拍攝場景。這座橋橫跨在泰晤士河上，連接兩岸的聖保羅大教堂跟泰特現代美術館（Tate Modern），可遠眺塔橋跟金融區，是一個絕佳的拍照和約會地點。

國會大廈周邊

交通資訊：搭地鐵到 Westminster 站，
從地鐵站出來即可看見大笨鐘。

　　倫敦的西敏（Westminster）區，聚
集著非常多倫敦著名的景點，從地鐵站
一出來，倫敦知名的地標大笨鐘（Big
Ben）隨即映入眼簾。大笨鐘興建於
一八五八年，高約九十六公尺，是屬於
國會大廈（House of Parliament）
的一部分，每個整點都會敲鐘報時。跨
年的時候，也是由大笨鐘先敲鐘，再開
始施放跨年煙火。

　　國會大廈是現今英國國會（上議
院與下議院）所在地，整棟哥德式建
築非常氣派，旁邊則緊臨著西敏寺
（Westminster Abby）。西敏寺是
正統的哥德式建築風格，自十一世紀
開始，成為英國歷代君主舉行登基大典
的所在地，也是二〇一一年威廉王子
跟凱特王妃舉行婚禮的教堂。不只重要
慶典，歷史上幾個重要的人物也安葬於
此，例如牛頓、達爾文、邱吉爾等。國
會大廈跟西敏寺都在一九八七年被列為
世界遺產。

　　從國會大廈旁的 Westminster Bridge 向對岸走，則來
到另一個地標之一：倫敦眼（London Eye）。倫敦眼是英國航
空為千禧年而建的超大型摩天輪，高約一百三十五公尺，每一個
包廂都是英國人自豪的革命性設計──膠囊座艙（capsule），
一個膠囊可以容納二十五人。雖然搭乘一次要價不斐，接近台幣
一千元，但摩天輪轉完一圈大約耗時三十分鐘，在有空調的透明
包廂裡，可以舒服地坐著欣賞整個倫敦市區的美景，真的很值回
票價！我個人搭過兩次，一次是學生時期和 DDC 來約會的時候
搭的，另一次則是帶著小 QQ 和一群媽媽們在包廂內舉辦「媽寶
趴踢」。推薦可以選擇接近黃昏的時候搭乘，剛好可以看到美麗
的日落和國會大廈點燈。

牛津街與攝政街聖誕燈（聖誕節限定）

在英國，每年聖誕節期間我們最期待的事情，大概就是欣賞街道上的聖誕裝飾了！其中，又以最繁華的倫敦牛津街（Oxford St.）與攝政街（Regent St.）最光彩奪目，看著高高掛在天上的聖誕燈，搭配著周邊店家櫥窗用心設計的聖誕布景，在這裡散步，就算只是 Window Shopping，都覺得好享受、好愉快。

限定

泰晤士河畔聖誕市集（聖誕節限定）

　　每到十一、十二月，英國隨處可見超濃厚的聖誕氣氛，除了聖誕燈、聖誕商品之外，在不同地點舉辦的聖誕市集，也是很讓人期待的活動之一。其中，Southbank Centre 前方，沿著泰晤士河岸邊走，在這段期間會沿著河岸設立一條聖誕市集，這個市集的地點非常好，旁邊就是知名景點倫敦眼，有很多街頭藝人聚集於此，從這裡還可以眺望對岸的國會大廈跟大笨鐘。聖誕市集裡頭的攤位，都是由一個個小木屋所組成，市集裡面什麼都賣、什麼都不奇怪，舉凡聖誕小裝飾、兒童木玩、衣服、飾品、蠟燭、時鐘、威尼斯面具等，這裡都可以找得到。如果逛街逛到餓了，每走幾個攤位，也都會有法式可麗餅、漢堡、熱狗等小吃攤供選擇。總之，英國的聖誕市集真的是有得玩、有得買、有得吃，如果這段期間來到倫敦旅遊，建議大家絕對要來朝聖一番。

Winter Wonderland 冬季樂園（聖誕節限定）

網站：www.winterwonderlandlondon.com

　　每年從十一月底到一月初這段期間，海德公園內會臨時搭建一座倫敦規模最大的冬季聖誕遊樂園 Winter Wonderland，裡頭共規劃有四大區：遊樂園區、聖誕老人樂園、美食區、聖誕市集區。面積廣大，提供大朋友、小朋友冬季最佳的戶外去處。Winter Wonderland 入園是免費的，不過要玩各項遊樂設施需要買代幣（Token）才能搭乘。這裡的遊樂設施大部分都適合大人玩，有非常多驚險刺激的設施，但另外也有馬戲團、摩天輪、冰雕、溜冰場等需購票的景點。其中有一區是聖誕老人主題區（Santa Land），是適合小小孩的遊樂區，裡面的遊樂設施都較溫和，有小火車、碰碰車、旋轉木馬等，還有可以和聖誕老人合照的專區，小朋友來到這兒，往往都會玩得不亦樂乎呢！

Chapter Four

跟著QQmei血拼去

我從住在倫敦至今，已經累積了三年的血拼經驗，自認為對於倫敦的逛街區域，已經熟悉到不行（笑）。關於倫敦購物，許多旅遊書都有列出詳盡的購物地圖，不過我畢竟已經身為一個孩子的媽媽，購買小QQ所需的衣物、玩具，比逛街買自己東西的時間多了好幾倍，因此在這個章節，我就要來推薦我在倫敦最愛逛的幾大商圈跟品牌，其中也會列出許多兒童專屬的商店唷！

QQmei 推薦購物路線

🐎 路線 1 ▶ 牛津攝政商圈

　　建議散步路線：搭地鐵至Marble Arch站，一路逛至牛津圓環（Oxford Circus），再右轉至攝政街，最後走到皮卡地里圓環（Piccadilly Circus）後，右轉至皮卡地里路（Piccadilly Road）。

　　牛津街（Oxford Street）至攝政街（Regent Street）這兩條路，是全倫敦最大、品牌最多、旗艦店林立的黃金購物地區。如果在倫敦旅遊的時間有限，牛津攝政商圈是「首選」的逛街好去處。

兒童買物好去處

mothercare

網站：www.mothercare.com

　　mothercare 在台灣是屬於高價位的專櫃品牌，但是一來到英國，它可是超級平價的嬰幼兒國民品牌，像是衣物鞋子類，都幾乎可用台灣半價的價格買到。個人很推薦它們的三入或七入裝家居服，不僅質料不錯，價格更是親民，常常還會有買兩組又更多折扣的優惠。此外，除了自家商品，位於牛津街上的 mothercare 旗艦店，還會販售各種娃娃床、餐椅、娃娃手推車、玩具、童書等，以及自家嬰幼兒玩具品牌 ELC (Early Learning Centre)，逛一間店等於所有的幼兒用品皆可一次購足。

Disney Store

網站：www.disneystore.co.uk

　　Disney Store 在英國有滿多間實體店面，不過就屬牛津街上的這間旗艦店貨色最為齊全。這間旗艦店共有兩層樓，販售各式迪士尼經典人物的衣服、玩具、童書、DVD、生活用品等，另外也有倫敦限定商品，像是穿著衛兵服的米奇，或是穿著女王服的米妮娃娃等。身為迪士尼迷的我，有時候逛得比小 QQ 還要 high 呢！

Boots

網站：www.boots.com

　　Boots 是英國非常知名的連鎖藥妝店，有點類似台灣的屈臣氏或康是美，可以找到許多自家品牌跟各類品牌的保養、彩妝、防曬跟沐浴商品，另外也有尿布、奶粉、副食品用具等嬰幼兒相關商品。同時，裡頭還附設藥局（Pharmacy），可以自費購買成藥，或是看完家庭醫生之後，拿著處方箋來此拿藥。而牛津街上的 Boots 旗艦店很特別，三樓（Second Floor）還販售許多童裝跟玩具，家中有小小孩的父母，如果經過此店想要購買藥妝產品，建議也可以到 Baby 專區找找看有沒有喜歡的嬰幼兒用品，保證可以挖到一些好貨。

Hamleys 百貨

網站：www.hamleys.com

　　Hamleys 是一間位於倫敦市中心，具有兩百五十年歷史，占地整整七層樓的玩具百貨。這間玩具百貨的知名度非常高，除了觀光客之外，幾乎每一個住在倫敦的媽媽們都曾帶著小朋友去朝聖過。當然，我也不例外，至今已經帶小 QQ 去玩過十數次。雖然觀光人潮總是把裡頭擠得水洩不通，逛起來不是非常舒服，但是每個小朋友來到這邊都玩得超級開心，因為 Hamleys 裡的工作人員都相當熱情，會大聲歌唱、跳舞，拿玩具陪小朋友們玩；再加上多達七層樓的店面，從男生到女生、從 Baby 到青少年的玩具都可以買得到，也難怪它「玩具天堂」的地位始終屹立不搖。我自己最愛帶小 QQ 逛二樓（First Floor）的寶寶玩具層、跟三樓（Second Floor）的女孩玩具層，再上面的樓層還有拼圖、桌遊、樂高、魔術、哈利波特等周邊商品。不過我必須老實說，可能是這邊觀光客多或是租金貴吧，玩具價格大多比其他地方賣得還要貴。所以，雖然推薦大家可以來這裡逛逛，但真的要下手買的話，還是建議多多比價啦！

PYLONES

網站：www.pylones.com/en/boutiques/17-Angleterre

　　PYLONES 其實是法國品牌，但在英國有非常多分店。這是一間充斥著創意的生活雜貨店，裡頭有著各式各樣可愛獨特造型的梳子、剪刀、雨傘、手機殼、護照夾、水壺、餐具等等，品項超豐富，每次逛街經過這裡，總是會被它色彩鮮豔的裝潢給吸引進去，而且裡頭也可以找到不少適合小朋友玩的小玩意兒唷！

M&M's World

網站：www.mmsworld.com

　　來自於美國超知名的巧克力品牌 M&M's，除了在美國境內開設四家旗艦專賣店（M&M's World）之外，在倫敦居然也有全世界除美國以外的唯一分店。整整四層樓的專賣店，座落在超級熱鬧的 Leicester Square 地鐵站附近，旁邊就是中國城（China Town）。我每次來中國城補貨時，就會順道進去 M&M's World 晃晃，看看又有什麼新鮮貨。在這裡，除了可以看到各類精美包裝的 M&M's 巧克力之外，也有繽紛的居家用品、娃娃、擺飾跟衣服等，上面都有著活潑的 M&M's 元素，有些更結合了倫敦特色，推出倫敦限定商品，算是一間親子咸宜的商店。

Waterstones
網站：www.waterstones.com/waterstonesweb

　　Waterstones 是英國最大的連鎖書店，書店風格我覺得有
點像是台灣的誠品書店。我自己喜歡帶小 QQ 來到位於皮卡地里
路（Piccadilly Road）上的 Waterstones 旗艦店，它們的
三樓（Second Floor）童書區，藏書非常豐富，有名的幾大知
名童書主角像是米飛兔（Miffy）、彼得兔（Peter Rabbit）、
帕丁頓熊（Paddington Bear）、佩佩豬（Peppa Pig）、古
肥羅（Gruffalo）等，這裡都可以找到整套系列的外文書籍。
而且這裡的環境很優，隨處都有設置閱讀區提供親子共讀，如果
帶著孩子來英國玩，推薦一定要到 Waterstones 挖寶。

Cath Kidston

網站：www.cathkidston.com

　　Cath Kidston 是創立於一九九三年的英國品牌，設計師 Cath Kidston 將傳統英式古典鄉村風格賦予嶄新的靈魂，在全國上下成功掀起一股風潮，知名度甚至拓展到全世界。一走進位於皮卡地里路（Piccadilly Road）上的旗艦店，浪漫甜美的碎花或是可愛繽紛的圓點點隨即映入眼簾，再搭配著琳瑯滿目的產品：衣服、包包（還有媽媽包）、雨具、餐具、廚房用品、浴室用品、寵物用品、兒童用品等，讓我恨不得把家裡全部都布置成 Cath Kidston 的鄉村風格。總之，Cath Kidston 對我來說就是有一股難以抗拒的魅力！以前我還在英國念書時，就已經很愛買它們的東西，現在生了小 QQ，可以買的產品線又更延伸了，只恨在英國的住家空間不夠大，無法把 Cath Kidston 的物品全部塞進家裡呀！

平價服飾、潮流品牌

ZARA

網站：www.zara.com/uk

　　西班牙平價服飾品牌 ZARA，目前在台灣已有幾間分店，不過我實際比較過後，發現英國的價格雖然沒有比較便宜，不過引進的款式比台灣多，可以趁著折扣季的時候入手。

next

網站：www.next.co.uk

　　喜愛購買英國童裝的朋友們，對於 next 一定不陌生，現在台灣也已經可以直接上網買到囉！next 是英國的平價服飾品牌，從男女裝到童裝都有，不管是休閒風、晚宴風、正式服裝等，這裡都可以找得到。至於童裝更不用說，款示非常好看，可以找到許多「小大人」款的衣服！重點是，價位上非常親民，打起折扣來更是讓人心花怒放。旗艦店甚至還販售家具、居家用品呢！

TOPSHOP

網站：www.topshop.com

　　TOPSHOP 是英國潮流年輕人服飾的代表，位於牛津圓環上的這間旗艦店，樓層多達五層樓，儼然就是個百貨公司，從男裝（TOPMAN）、女裝、飾品、鞋品等都有販售；另外也有其他潮流或是新銳設計師品牌進駐，商品琳瑯滿目，我每次一走進去，不花個兩小時逛逛，還真的走不出來！我自己偏愛專為小個子設計的 PETITE 系列，往往都可以找到獨特又較合身的衣服。

H&M

網站：www.hm.com/gb

　　目前已經有消息傳出，瑞典平民服飾 H&M 將於二○一五年進駐台灣。如果身在倫敦，我覺得還是很值得逛逛牛津街上的 H&M 旗艦店，尤其是它們的童裝專區，可以找到好多百元台幣的好物，其中我最喜歡幫小 QQ 買的就是 Hello Kitty 的聯名系列了。但是要注意的是，H&M 的童裝尺寸超級大，像是小QQ 目前已經三歲半了，還在穿它們家兩歲尺寸的衣服呢！

Bershka

網站：www.bershka.com

　　Bershka 是 ZARA 的姐妹品牌，但價位上比 ZARA 平價許多。雖然我覺得 Bershka 的衣服質料還滿普通的，但是剪裁極佳，很能夠修飾身材，價格又非常便宜，所以依舊是一個挖寶的好去處。

GAP

網站：www.gap.co.uk

　　來自美國的國民平價品牌 GAP，想必大家應該不陌生。雖然台灣目前也已經引進，但比較起來，英國的店面款式還是比較多元，遇上折扣季的時候，不妨多打包個幾件回家去。

Carnaby Street

網站：www.carnaby.co.uk

走在攝政街上，會看到一個往 Carnaby Street 的小指標，這時候，建議可以轉進去瞧瞧。Carnaby Street 是一條與攝政街平行的徒步街，也是一條潮流品牌的集散地。我在英國最喜歡買的幾個義大利牛仔品牌有：REPLAY、DIESEL、Miss Sixty、Fornarina，還有英國 pepe jeans 等，都聚集在這一條街上。每年折扣季的時候，就是我來搶貨的好時機，通常牛仔品牌都會下殺到五至七折；此外，幾大運動品牌 NIKE、adidas、VANS、PUMA，也都在 Carnaby Street 設有分店，許多酒吧跟咖啡廳則藏身於兩旁的巷子之中。雖然這條街看似處於小巷弄內，但它可是倫敦相當受歡迎的購物街之一喔。

中高價位服飾

COS

網站：www.cosstores.com/gb

　　COS 是 H&M 精心策劃所推出的高級品牌，屬中高價位。以前我還是學生的時候，壓根不會走進去 COS 逛，覺得太老氣，只是這次再度回到英國，可能是年紀到了吧（笑），COS 完全列入我的愛牌清單啊！話說它們家的衣服可是深受上班族喜愛，材質很好，至於風格的話，簡單來說是走低調極簡路線，剪裁很寬鬆，不太會有腰身，但穿起來卻意外地好看。而且，不只男女裝，COS 也有推出童裝喔，它的童裝風格就像是大人縮小版一般低調，不是走可愛繽紛路線，但卻是會讓妳想要永遠收藏在衣櫃裡的萬年款。

FCUK

網站：www.frenchconnection.com

　　別看錯，這不是在罵人，FCUK 其實是「French Connection United Kingdom」的縮寫。很奇妙吧？又是 UK 又是 French 的，到底是哪一國的品牌呢？答案是道地的英國品牌喔。說真的，我以前很愛買 FCUK 的衣服，質料佳、風格簡約低調、又不會太貴，可惜近年來它們家的商品價格有扶搖直上的趨勢，所以現在只能趁著折扣季的時候下手了。

Superdry

網站：www.superdry.com

　　在英國，隨處可見穿著「極度乾燥」風衣夾克的男男女女。可別以為這是日本品牌，Superdry 可是道道地地的英國牌子呢。具體來說，它有點像是英國版的 A&F，走的是休閒帥氣路線，剪裁很優，質料也很厚實。其中，賣得最好的是它們的經典風衣夾克，以及貝克漢加持過的皮衣。因為 Superdry 全年無折扣（除非到郊區的 Outlet），所以如果來英國的話，有逛到 Superday、又喜歡它們的風格的話，就可以直接買了，因為在英國購買一定是全世界最便宜的。

TED BAKER

網站：www.tedbaker.com/uk

　　來自英國的品牌 TED BAKER，比起一線精品品牌，算是比較低調的中高價位二線名品，款式也較為年輕雅痞。其品牌系列包括：男裝、女裝、配飾、香水、鞋子、眼鏡及手錶等系列。我特別喜歡在折扣的時候購買 TED BAKER，有時候最多會打到五折，比起在台灣買，幾乎便宜了一半以上，甚至更多。

REISS

網站：www.reiss.com

　　這個牌子是英國凱特王妃的愛牌，她常常穿這個品牌的衣服亮相。我自己實際逛過，覺得 REISS 的服裝偏成熟，很適合上班族、或是出席一些較為高雅正式的場合時穿著。

Russell & Bromley

網站：www.russellandbromley.co.uk

　　這是英國的百年鞋子品牌，我個人很喜歡買這家的鞋子，舉凡靴子、高跟鞋、平底鞋等，都可以找到很不錯的款式。雖然價位偏高，但是鞋子的質感真的非常好，也很耐穿，且鞋子都是義大利製的喔！

百貨公司
··········

Selfridges 百貨公司

網站：www.selfridges.com

　　開業超過兩百年的Selfridges，是倫敦非常知名的前幾大老牌百貨公司。我自己非常喜歡逛它們的櫥窗，尤其到了聖誕節期間，在這裡 Window Shopping 是非常享受的一件事。Selfridges 裡頭集結了超過三百家的精品店，一樓（Ground Floor）更是世界名牌精品的集散地。

John Lewis 百貨公司

網站：www.johnlewis.com

　　John Lewis 是英國的連鎖百貨，裡頭的品牌多屬中價位，裝潢則以簡單明亮、舒適為主。我最推薦的是四樓（The Third Floor）的小孩用品層，這裡非常好逛，舉凡各式玩具、童書、樂高、童裝、童鞋、娃娃推車、娃娃床、餐椅、洗澡用品等一應俱全，品牌多元化，是英國父母採購小孩用品必逛的百貨之一。它們自家出產的品牌服飾，品質跟款式都很不錯，我也幫小 QQ 買過好幾件。此外，英國的高級超市 Waitrose 是 John Lewis 的旗下子公司，如果不想從 John Lewis 買完東西扛著大包小包回家，建議可以從它們的網站上直接下訂，除了可以快遞直達家裡之外，如果像我們一樣家裡沒有管理員可以代收，那麼就可以選擇送到指定的 Waitrose 分店（有點類似台灣超商取貨的概念），有空再去領取即可。

FORTNUM & MASON (F&M)

網站：www.fortnumandmason.com

　　已有三百年歷史的 F&M，是我在英國最喜歡喝的茶。這個品牌最早期是以販售二手蠟燭起家的，現在則發展為高級食材、茶品、家居用品、瓷器等全方位百貨公司，它們家的茶品更是得到過皇室認證呢！我最喜歡直接購買 F&M 的茶包回家泡，搭配它們家的奶油餅乾，超級美味又享受！

國際精品

Bond Street

網站：www.bondstreet.co.uk

　　喜愛精品的朋友，如果逛到與牛津街垂直的新龐德街（New Bond Street），可以特地轉彎進去逛逛（從 next 的巷子彎進去）。從 New Bond Street 一路走到 Old Bond Street，可說是集精品於大成的名牌街，像是 Alexander McQueen、Bottega Veneta、BURBERRY、CHANEL、Christian Dior、GUCCI、Hermes、Longchamp、Louis Vuitton、MULBERRY、Prada、Tod's、YSL 等，都在這條街上設置兩至三層樓的店面，再加上道路上的名車、計程車，真讓人有種置身上流奢華社會的感覺哪！

MULBERRY

網站：www.mulberry.com

　　許多朋友會問我，如果要買英國的精品品牌，首推哪一間呢？我的答案並非BURBERRY，而是MULBERRY。MULBERRY是英國的頂級皮件代表，近年來因為名模Kate Moss、名媛Alexa Chung等名人加持，使得MULBERRY成為許多英國女性心中的夢幻逸品。我個人推薦Alexa或是Bayswater系列，這算是它們的經典不敗款，兩個系列光是尺寸跟顏色就有好多種選擇，遇上折扣季的時候，某些尺寸或顏色還會下殺到七折，一定得趁這時候下手，否則回到台灣，就得用貴五成的價格購買了！

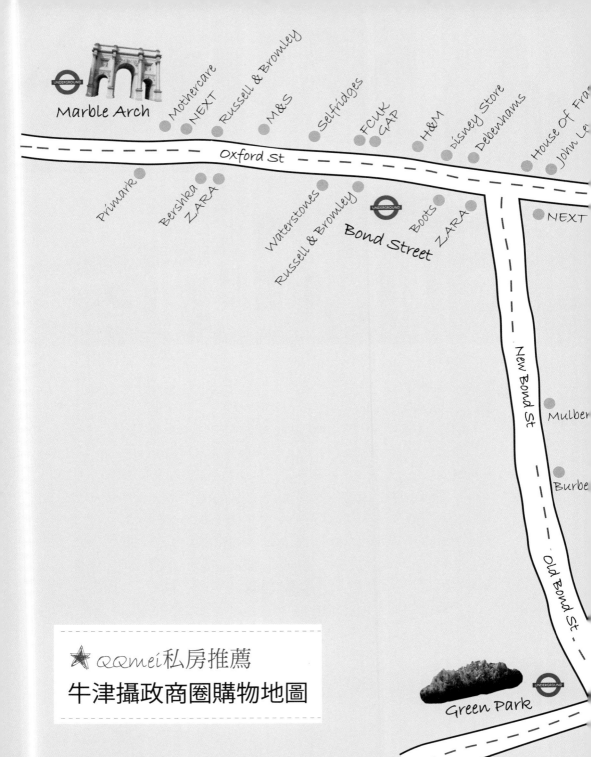

Marble Arch

Mothercare
NEXT
Russell & Bromley
M&S
Selfridges
FCUK
GAP
H&M
Disney Store
Debenhams
House Of Fra
John Le

Oxford St

Primark
Bershka
ZARA
Waterstones
Russell & Bromley
Bond Street
Boots
ZARA
NEXT

New Bond St

Mulber

Burbe

Old Bond St

Green Park

★ QQmei私房推薦
牛津攝政商圈購物地圖

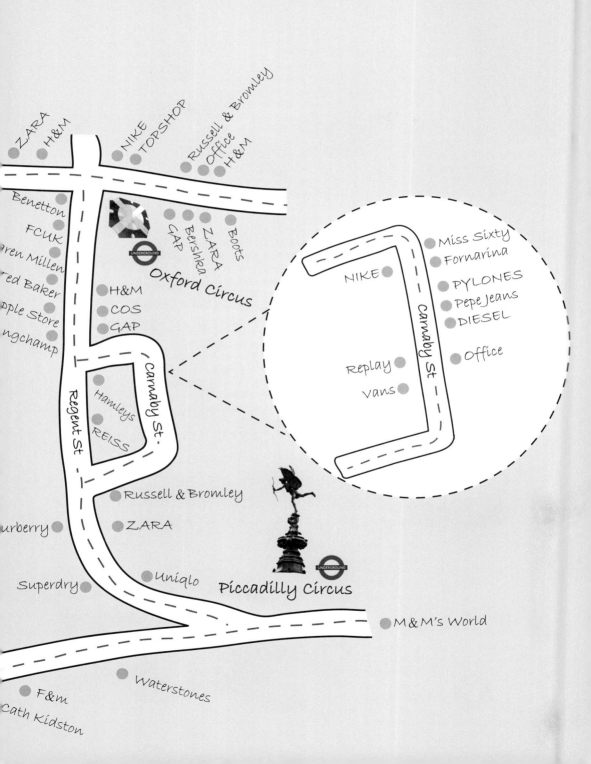

🎠 路線 2 ▶ Harrods 百貨公司

地址：87-135 Brompton Rd, London SW1X 7XL

網站：www.harrods.com

交通方式：搭地鐵到 Knightbridge 站下車，朝 Harrods 出口方向出站即可到達。

　　Harrods 是世界知名的老字號百貨公司，開業至今已超過一百五十年，雖然身為百貨公司，但是富麗堂皇的裝潢跟建築物（尤其是夜晚打燈時，彷彿城堡一樣），也是倫敦遊客必來的「景點」之一，裡頭可說是貴婦、觀光客群聚。其中，一樓（Ground Floor）主要是販售精品、珠寶、香水美妝；除了精品區，我最喜歡逛的還有這層樓的食品區（Food Hall），在這裡可以買到各式各樣的生鮮、外帶熟食（也有中、日式的），還有精緻的甜點跟麵包；另外，一旁是 Harrods 紀念品區，有各種高級精美包裝的巧克力、茶、餅乾等，是買伴手禮的好地方。

　　不過，如果帶著小 QQ 一起，我通常都會直接搭電梯到四樓（Third Floor）的玩具童書區。Harrods 玩具區非常值得一逛，因為裡頭有來自世界各地的知名玩具品牌，種類繁多，而且質感都不錯。在不同的區域都可以找到試玩的玩具，就算不花錢買，也可以免費體驗新玩具。童書區的藏書也相當豐富，環境舒適，每到假日，還有不定時的說故事時間，是小 QQ 非常喜歡的地方。

　　電梯上到五樓（Forth
Floor），則是精品童裝、童
鞋，還有嬰幼兒用品區，倫敦的
新手父母在採購新生兒用品的時
候，通常都會到Harrods來逛
逛。這裡引進了各式高檔的手
推車、娃娃床跟餐椅，光是用
看的就讓人心情愉悅。同層樓
還有迪士尼在此設立的Disney
Cafe，雖然餐點很普通，但是
完全就是為了兒童而設計，隨處
都可看到迪士尼元素，連同餐點
都是米奇造型的，工作人員又相
當友善，帶著孩子在此用餐，父
母也可以跟著一起放鬆心情呢！

　　對了，Harrods內部面積
廣大、動線複雜，就算我去過這
麼多次，還是很容易在裡頭迷失
方向。建議一入館內，就可以到
服務中心索取免費的百貨地圖，
以免花太多時間在找路上。

🐎 路線 3 ▶ Westfield 購物中心

地　址：Centre Management Suite, Unit 4006, Ariel Way, London W12 7GF

網站：http://uk.westfield.com/london/directory/search/

交通方式：搭地鐵到 White City 站或 Shepherd Bush 站，步行約一分鐘即可抵達。

　　Westfield 其實是全球性的 Shopping Mall 集團，目前在美國、英國、澳洲、紐西蘭、巴西等國已設置超過一百多間 Mall。在英國的 Westfield 有四間，其中有兩間在倫敦，一間為二〇〇八年底開幕的 Westfield London，位於西二區的 White City、Shepherd's Bush 一帶，另外一間則是因應倫敦奧運於二〇一二年全新開幕的 Westfield Stratford City。

　　我最喜歡逛的是離我們家距離較近的 Westfield London，購物中心內不但一年四季空調伺候、採光極佳、餐廳林

立，而且幾乎所有牛津攝政街上可看
到的品牌專賣店，這裡都有，只不過店
面的規模比較小。重點是，購物中心的
設施都對親子非常友善，除了內部空
間寬敞，逛街動線明確、電梯超級多之
外，許多角落還設有Family Room，
內有親子廁所、哺乳室，一旁還有小小
遊樂區（Play World）。因此，如果
來英國觀光的時間不夠、氣候不佳，或
是帶著小朋友，不方便前往牛津攝政
街採買的話，推薦可以前往被我列為
「媽媽逛街好去處」的大型購物中心
Westfield走一圈，一次購足所有東
西。

LEGO 樂高專賣店

　　英國的樂高專賣店，可以買到的
款式相當齊全，價格又比台灣便宜一
些。專賣店並設有幾個給小朋友動手
玩的樂高小區域，就算沒有要購買，
也可以帶著孩子在店裡頭實際操作，
讓他們體驗看看玩樂高的樂趣。

TROTTERS

TROTTERS 是一間綜合性的嬰幼兒用品專賣店，精心陳列好多不同品牌的寶寶衣服或玩具，每一個品牌都挺有質感的。裡頭還設立了寶寶剪髮區，看著魚缸裡頭的魚兒游啊游的，不知不覺間，頭髮也剪好了呢。

THE LITTLE WHITE COMPANY

The Little White Company 店裡販賣的商品，比較偏向零到兩歲寶寶所使用的用品，質感極佳，除了衣服之外，還有像是寶寶睡袍、包巾、手搖鈴等等的小東西，整間店的商品就如同它的店名一樣，超級潔白。

mamas & papas

Mamas & papas 是英國非常有名的嬰兒用品品牌，算是 motercare 的中高價位版，它們自家出產的玩具、衣服、寢具、娃娃車等都非常有質感，也引進許多其他知名品牌的嬰幼兒用品。

英國折扣季好好買

在英國生活，雖然交通、吃飯、住宿等等的開銷非常大，但是在「購物」方面，相較台灣卻是相當划算。像是很多歐美品牌的衣服進口到台灣之後，幾乎都貴上三到五成，精品的價格相差幅度更大。我覺得，如果來英國旅遊，不妨也把逛街購物行程放進旅行計畫，因為真的「省」很大！

其中，英國在每年的六至七月、以及十二至一月這兩段期間，幾乎所有的品牌、商家，甚至精品都會下折扣。尤其是十二月二十六日這天，是英國所謂的 Boxing Day，許多店家都會準備比平常還要多的存貨，等待聖誕假期過後人山人海的顧客上門。我的親身經驗是，一些冬季的衣服就等到聖誕下折扣時再來購買即可，因為英國天氣冷的時間很長，通常到了四月底都還可以穿到冬天的超厚外套，所以趁著十二月打折的時候買，非常划算。

另外，「學生證」在購物的時候也相當好用，很多店家都會針對學生提供學生折扣 (Student Discount)，大部分可以打九折，有些店家甚至可以打到八折。所以，如果你是英國學生、或者持有「國際學生證」，結帳的時候，別忘了把包包裡的學生證秀出來給櫃檯人員看喔！

小 QQ 時尚穿搭術

　　在小 QQ 一歲半之前，我對於她的衣著穿搭並不是這麼在意，因為這時期的孩子長大得特別快，行動上也不是這麼靈巧，所以我購買的童裝，都是以穿著舒服為原則。

　　然而，過了一歲半、兩歲之後，童裝變得特別好買，尤其是女孩兒的衣服，每一件看了都讓人心花怒放。

　　以冬季來說，我喜歡幫小 QQ 穿上長版大衣、搭配厚褲襪跟雪靴，因為基本上我自己穿衣也很常有這樣的搭配法；春秋氣候較涼，我則常幫小 QQ 穿長毛衣搭配褲襪、或是長袖 T-Shirt 加上牛仔褲；夏天的話，我最喜歡幫小 QQ 穿上可愛浪漫的小洋裝，搭配娃娃鞋或涼鞋。

　　總之，我自己幫小 QQ 穿搭的祕訣很簡單，就是「迷你版的自己」，不會因為小 QQ 是小孩子，就讓她穿得很像小孩。每次逛童裝的時候，我都會檢視自己：如果把這件衣服放大，我自己也會想要穿！這樣我才會比較有意願入手。

就是愛母女裝

　　生女兒的好處之一，應該就是可以一起穿超吸睛的母女裝吧！我覺得女兒過了一歲半之後，就可以開始嘗試母女裝了，一來她的衣服尺寸已經不像一歲以前一樣，因為長大超快，一下子就不能穿；二來，孩子走穩、站穩了，就像是一個小大人，衣服也超好買呀！重點是，小 QQ 過了小學的年紀後，應該就不想和媽媽穿一樣的衣服了吧，所以要大玩母女裝就趁現在。

　　我自己的穿搭原則是，從「類似款」或「同色系」著手，並

不一定要侷限在同一個品牌，因為同品牌出的親子裝，常常會遇到媽媽裝的版型或剪裁不是這麼完美的問題。至於穿搭技巧則大多是以外衣、外套為主視覺，再作配件的點綴，比如鞋子、圍巾等等。如果一開始不知道該怎麼搭配，建議可以從「萬年不敗基本款」，比如說 polo 衫、針織衫、條紋衣、素色 T、排釦外套等款式開始著手。

像我現在逛街的時候，並不會特別著重一定要買親子裝，通常都是先買了自己或是小 QQ 的衣服，然後某天逛到其他品牌，發現一件很類似的款式，就會直接買下來搭配成母女裝。

總之，買親子裝就走「隨緣」路線，千萬不用為了和孩子穿親子裝、而去買不適合自己的衣服呀！

英國人怎麼穿？

常常聽大家說，倫敦是時尚之都！嗯……某種層面是啦，因為這裡的時裝品牌、時裝秀真的超有國際規模，令人咋舌，可是可別以為倫敦人都穿得這麼 fashion，因為我在街頭上看到的裝扮，反倒都是清一色的暗色系跟休閒風，哪來的前衛時尚之有？也因為這樣，我自從搬到英國之後，穿衣服也越來越隨興了，不過我同時還是很享受幫小 QQ 打扮的樂趣啦！

英國人很愛穿風衣，因為這裡的天氣向來以「詭異」出了名，有時候白天看起來晴空萬里，結果一出門，馬上就烏雲遍布、颳大風，然後下起綿綿細雨，所以英國人的衣櫥裡一定要有一件「萬年不敗款風衣」或是「防水連帽外套」。這裡也很少有所謂的騎樓，下雨沒帶傘的時候，幾乎找不到地方可以躲雨。很妙的是，不管雨下得再大，英國人還是不愛撐傘，每每看著路人全身濕透還是硬要淋著雨、吹著冷風在外頭走，不禁覺得英國人的身體也太勇健了！

此外，緯度偏高的英國，一年之中有絕大部分的時間都是陰冷的天氣，氣溫多在攝氏十五度以下，冬天則介於零到六度居多，再加上室內的暖氣都非常暖，室內外溫差大，所以在英國最佳的穿搭法就是：「洋蔥式穿法」！所謂的洋蔥式穿法，就是一層又一層地穿。比如說先穿上一件發熱衣、再套上毛衣、最後穿上厚外套；然後，保暖配件也不能少，像是帽子、手套、靴子等，都是很重要的穿搭配件。

特別篇

QQmei私房育兒法

在公共場合中學習禮儀

很多父母會擔心小孩在外面失控，讓自己顏面盡失，比如說：擔心孩子在餐廳大吵大鬧影響到別人、搭大眾交通工具時活蹦亂跳、在人多的公共場合行為不當而引來側目的眼光，所以乾脆窩在家裡，減少帶他們出門的機會。

可是，我反而認為，越把孩子關在家裡，他們外出時就會越不知所措，不知道該怎麼做出正確的行為舉止。所以，應該要常常帶著孩子出門，讓他們透過實際接觸外面的世界來學習。妳常帶孩子在一般的餐廳吃飯（非親子餐廳），耳濡目染之下，孩子也會像大人一樣，一進入餐廳就好好地坐在椅子上使用餐具用餐；妳帶著孩子坐公車、坐捷運、坐火車，久而久之，她也會漸漸了解到，一旦上了車，必須要乖乖坐在位置上。

當然，在學習公共場合該有的禮儀之前，一定會遇上陣痛期，這時候做父母的就必須要堅持原則了。比如說，小 QQ 如果在人多又安靜的公共場合裡頭大聲講話，我會跟她說：「在公共場合，請講話音量放小聲一點，否則會影響到別人。妳看，旁邊

的大人是不是都講話很小聲？」如果她還是不聽話，那我就會把她帶離現場到外頭去，然後跟她說：「等妳可以小聲講話的時候，我們再進去吧！」

當孩子最好的旅伴

我從學生時期開始，全身上下就充滿旅遊魂，跟團旅行不夠味，一定要自助規劃旅程、親自帶著地圖走完行程才滿足。就算當了媽媽，我還是繼續燃燒著旅遊魂，帶著小 QQ 四處趴趴走。

從小 QQ 一歲四個月舉家搬遷到英國，至今兩年來，我們已經帶著小 QQ 走過法國、英國、比利時、荷蘭、義大利、捷克等國、將近二十個城市。我們的旅行故事，還會在未來的好幾年內，繼續寫下去。

然而，說真的，帶著小小孩一起旅行，一開始可沒這麼順利，畢竟我是一個吹毛求疵、有完美主義傾向的處女座媽媽！就連旅行的規劃上，也都是如此一板一眼。以往和 DDC 兩個人單獨旅行時，我們通常都是一大早就出門，然後在外面狂走一

整天，非得要把當天規劃的所有行程都走完，才心甘情願地回飯店休息。所以每次DDC跟我一起出遊，都走到鐵腿！然而，自從帶著小QQ一起旅遊後，一天能走超過兩個行程就偷笑了吧！

　　第一次帶著小QQ走出英國，是二〇一二年的十二月前往法國巴黎。還記得旅行那幾天，每天都下雨，而且氣溫是五度左右，又濕又冷。小QQ當時還是個不太受控制的一歲半小嬰童，似懂非懂的，坐推車坐太久就吵著要下來，但一把她抱下推車就爆衝，不讓我們乖乖牽著。

　　我們就這樣在颱風下雨中緩慢前進，手腳都冷得發抖，我也沒有什麼興致看旁邊的景點，因為光是眼睛盯著小QQ有沒有亂跑，就耗掉我不少心力。想當然爾，我沒有一天跑完預定的行程，幸好我年輕時已經跑過巴黎好幾趟，沒有什麼遺憾，但當時的我深深覺得：為什麼要帶著小小孩出遊呢？簡直是虐待自己！

　　結果，旅行才結束沒幾個月，我就忘卻了巴黎行的辛苦，決定年底要再來一次歐洲之旅。二〇一三年十二月，第二次的親子遊我們前往比利時。只能說，冬天的歐洲，天氣真的極差無比！在比利時的那幾天，一樣也是不到五度的濕冷天氣，走在路上，

風吹得我們頭痛欲裂。外在環境差就算了，小 QQ 的狀況也不佳，這一次遇上的情形是，小 QQ 進入了貓狗嫌的兩歲三個月，非常有自己的主見，且抵達比利時的第一晚，她因為興奮而太晚睡，隔天又太早被我叫起床，導致一整天的情緒都很躁動。我說要往東走、她偏要往西，說要吃這間餐廳、她非要吃另一間餐廳；重點是，平常跟我單獨出門的時候，累的話她都會自己爬上推車，這天遇上 DDC 在，她只吵著要爸爸抱，一把她放上推車就哭鬧。況且比利時是我沒有來觀光過的國家，沒有跑完行程的我，真的覺得好懊惱。

然而，經過前兩次的旅行經驗，我慢慢調整自己的心態，對於親子旅行，不再強求每天要走多少個行程、看多少個景點，而是要學著和孩子一起享受旅行當下的快樂。之後每次出國，我跟 DDC 總是花很多時間陪小 QQ 在景點旁邊的公園玩沙、跟著她在異國的街道上追鴿子、和她一起坐在河邊曬太陽。我們試著做小 QQ 的旅伴，跟著她小小的腳步，放慢旅行的速

度，欣賞不同視野的美好；而小 QQ 呢，也逐漸學會了牽著大人的手，跟上大人的腳步，陪著我們走遍好多景點。我發現，帶著孩子去旅行，不再懊惱、不再後悔，而且還會上癮。

很多人說：「旅行幹嘛要帶孩子？累死自己，孩子也沒印象。」我覺得這句話是對的、也是錯的。如果帶著孩子一起出門，父母總會在旅途中覺得後悔、埋怨、辛苦甚至罵人，那真的還是別旅行了，累了自己也苦了孩子。但是，當妳學會了當孩子最好的旅伴，跟著他們一起「漫遊」世界，那麼，不管是父母還是孩子，都會留下最珍貴、最快樂的回憶。

讀萬卷書不如行萬里路

這句話雖然老掉牙，但卻是千古不變的事實，非常有道理。我深信帶著小 QQ 出遊，即便她長大後真的沒有太多印象，但是

在潛移默化之下，會漸漸影響到她的人格特質跟國際觀；而且，對我們自己來說，帶著孩子出遊，也是跟著孩子一起成長的最佳機會。

比起讓小 QQ 翻旅遊書看著各國名勝的「照片」，我選擇帶著她坐飛機、坐火車，直接到現場親眼目睹、耳濡目染當地的風土人情；比起帶她去台灣的異國料理餐廳，我寧願讓她直接在世界各地吃道地的食物、跟著我一起去當地超市買新鮮食材；比起花錢讓她補習外語，我更傾向帶著她直接跟著國外的孩子一起玩、在最自然而然的環境下學習語言。

過去三年來，每當我們從一個城市遊玩回來，小 QQ 的旅行記憶又更豐富了一些。她有時候跟我聊天，會說：「媽咪，要看鬱金香就要到荷蘭」、「比利時的巧克力超級好吃」、「我想要去荷蘭找米飛兔」、「在台灣的時候要說中文、在英國的時候要

説英文」。每次一帶著她到機場，她就會提醒我們：「媽咪，等一下要把行李拿去托運」、「媽咪，等等要過海關，要脫鞋子跟外套喔！」所以，說她年紀這麼小，真的完全沒印象嗎？其實是有的。況且，就算長大會忘記，我們從各個國家努力拍照所帶回來的照片、影片，也將會為我們一家三口保存這幾年來最美的回憶。

不讓電子產品占據旅行

　　帶著小小孩旅行，常常會遇上坐飛機、坐火車、在外餐廳用餐等長時間在密閉空間裡活動的情形。我帶著小 QQ 出外旅行，從來不把 iPad 一起帶出門，因為，我不想要讓小QQ 接觸 iPad，也不想讓這些電子產品占據難能可貴的出遊時間。帶著孩子出遊，本應讓他們多欣賞窗外風景、多觀察世界各地的風俗民情，花時間在看電子螢幕上，多麼不值得呀！原本在小 QQ 還小的時候，我都會準備一些方便攜帶的貼紙書或是畫冊給她打發時間，但是帶著她旅行慣了之後，我發現自己帶的東西越來越少、媽媽包越來越空，小 QQ 漸漸懂得欣

賞周邊的人事物，會跟我們聊天、或自己編歌曲，打發在交通工具中的無聊時間呢！

> **孩子出外不無聊的小法寶**
>
> 每次旅行的時候，我的行囊裡會額外準備幾個小玩意兒，讓小 QQ 在長時間移動的交通工具上，除了欣賞窗外風景，還可以有點事做，不會太無聊。我最推薦可以攜帶外出的小法寶，就屬「貼紙書」跟「畫冊」了，因為這一類小玩意兒不但價格較玩具更為親民、不占包包空間、方便攜帶，還充滿色彩跟不同主題的內容，比較容易培養小孩的專注或想像力。

培養孩子隨遇而安的個性

自從搬到英國之後，我每天都帶著小 QQ 出門玩，再加上她短途跟長途的旅行經驗豐富，現在不管去哪一個國家，住在哪一種飯店，只要一到晚上睡覺時間，小 QQ 馬上就呼呼大睡，絲毫沒有認床或是時差上的問題。在世界各國的餐廳裡，不論是吃中式、日式、法式、英式、義式、美式料理，她都欣然接受，甚至是在公園隨便席地而坐，她也吃得開心。有時，儘管氣候再惡

劣，下雪、大雨、狂風中，只要披上雨衣、穿上厚外套，小 QQ 依舊能夠玩得興高采烈。

　　長時間待在家裡的孩子，出門旅行的時候，面對變化多端的外界環境，需要較長的一段時間來適應。帶著孩子到世界各地旅行，讓他們學會調整自己去適應不同的環境，相信未來在面對人生中許多不同困境時，也會有正向的幫助。

父母學會放手，孩子成長更快

　　父母沒有辦法永遠保護孩子，所以培養孩子獨立自主、解決問題的能力，請從「放手」開始。

　　一直以來，我抱持著「不要太過保護孩子」的態度，希望在「安全為前提」的環境之下，可以讓她多做嘗試。如果任務順利完成了，就給予大方的讚美和鼓勵；如果失敗了呢？沒有關係！這還是個 Good Try，下次再努力。從碰撞中成長的孩子，才會

更成熟獨立。

　　很多生活上的事情，我會放手讓小 QQ 自己去做決定，而非自行幫她預做安排。每天在吃飯時間之前，我會問她：「今天想吃些什麼呢？」；要出門前，我會問她：「今天想去哪裡玩呢？」；到超市買食材的時候，讓她自己在架上挑選想要吃的東西。如果今天沒有要去什麼特別場合，我會打開衣櫃，讓她自行挑選搭配今天要穿出門的衣物。當小 QQ 表現出她想要自己穿衣服、穿鞋子的動機時，我就放手讓她自己完成，從不會說出「不要啦，媽媽幫妳穿比較快」這句話。所以，現在三歲多的小 QQ，不論是出門前的換衣服、洗澡前的脫衣服、到洗澡後的穿上睡衣，全部都由她自己完成，我的工作也減輕許多。

　　家務上，我也會放手讓她參與。我折衣服的時候，也給她幾件衣服幫忙折　（雖然事後我還是得重新折一次）；拖地的時候，特地留一支桿子較短的靜電拖把給她使用；去超市買完東西，交給她一小袋，請她幫我一起拿回家；倒垃圾的時候，會分出一小包請她幫忙丟。這些在我們眼中被視為「麻煩」的家務，對於孩子來說，反而是非常有趣且新奇的。我也深信，把孩子當成小大人一般看待，孩子會成長得更快！

放手，並非放縱孩子

　　很多好的習慣，是要從小養成的。我從小 QQ 一歲多、開始有自己的主見之後，就很重視她在生活中的禮貌跟規矩。雖然很多事情我會放手讓她去做，但我不會放任她在大街上胡鬧卻置之不理，也不會讓她在餐廳內亂跑卻視若無睹，更不會看著她在地鐵捷運上面亂跑亂衝卻不制止。舉例來講，一開始，我帶小 QQ 搭地鐵或是公車，都是讓她坐在娃娃車上。某天，她突然跟我說，她想和大人一樣，坐在大人的位置。於是，我回應說：「好，但如果要坐大人的位置、就要和大人一樣好好的坐著」。她答應了之後，我便把她從娃娃車上抱出來，讓她坐在我旁邊。

　　結果，坐沒五分鐘，小 QQ 就不安份的想要從椅子下來，在車上走動。於是，我跟她說：「既然你

沒有辦法像大人一樣，好好坐在大人的位置，那妳就只能坐回小朋友的娃娃車上」。接著我就把她抱回娃娃車，並繫上安全帶。

當下她放聲大哭，但是我也只能堅持自己的原則。下一次搭地鐵，小 QQ 同樣向我提出了想坐大人位置的要求，我也提出了請她乖乖坐好的要求。這一次，小 QQ 便很安份的和我一起坐在大人的位置上，不會下來亂跑。

此外，面對孩子的哭鬧，我也會堅持，從不妥協。當小 QQ 有想要的東西、或是想做的事情時，一開始，當然會用哭來表達。但我只是語氣堅定的跟她說：「哭不能解決事情，妳愈是哭，我愈不能答應妳，妳要冷靜，好好用說的」。試過幾次之後，她也了解媽媽的個性：「哭鬧」，是不會讓媽媽妥協的。時間久了，自然而然地，小 QQ 也不會成為一個動不動就任性哭鬧的孩子。

所以說，孩子有時候是需要被約束的，幫他們立下規矩，讓他知道哪些行為可以做、哪些不可以做，協助他們慢慢的學會從他律到自律；同時，媽媽自己也要堅守原則。漸漸地，你會發現，他們不再是「任性」、「調皮」、「沒禮貌」的小屁孩了呢。

2014 年 7 月 1 日

　　DDC 從學校正式畢業，順利拿到英國的碩士學位。這也宣告著，我的兩年英倫陪讀時光終於劃下句點了。

　　在英國居住的這兩年來，透過直接體驗當地生活、吸取地球另一端不同國家的文化與資訊，我的育兒態度作風跟之前在台灣的時候比起來，也有了偌大改變。以前在台灣的我，時間表幾乎被小 QQ 所支配，每天的活動不外乎就是和小 QQ 宅在家，等待著 DDC 下班回家接手後，讓我可以好好休息喘口氣。如今在英國的我，卻是讓小 QQ 徹底融入我的生活，我熱愛每天帶著她出門趴趴走，讓她陪我逛街、陪我在餐廳吃飯、陪我四處旅行；我喜歡讓小 QQ 盡情曬太陽、在草地上野餐、在公園裡挖沙、在池子裡玩水，因為我認為，大自然與戶外就是最好的學習環境，再

多的玩具與書籍，都不如實際出門體驗變化多端的世界。

　　不過，說實在話，可別以為長住在英國帶小孩真的這麼「爽快」！回憶起過去這段異鄉育兒的生活，盡是由滿滿的歡笑與淚水所交織而成。辛苦的時候，真不是普通的辛苦，尤其是在英國漫長的黑暗冬天之下，DDC 的課業又忙，早出晚歸，我一個人獨立照顧著小 QQ，扛起所有家務，同時還要照料 DDC 的生活與低潮心情，簡直分身乏術；去年的小 QQ 受傷送急診經歷，同樣也讓我們身心俱疲，感受到人生從未有過的、心如刀割的痛苦。原來在異鄉遇到這種意外，會讓人感覺如此的恐慌與無助。

　　然而，這兩年來所歷經的孤獨跟辛苦，反而是讓我們學習獨立與成長的最大動力。不只是 DDC 在學專業上有所進展，我跟他在人生的課題上，更一起向前跨了一大步。因為，在越是艱困的環境之下，我們越懂得體諒與包容、更學會了獨立跟堅強，以及珍惜彼此之間的扶持。

　　告別了過去這兩年難忘的異鄉旅居經歷，最大的體悟是：每個人心中都會有小小夢想，當錯過了可以追求及實現夢想的機會，以後可能就不會再去追求了。就像是兩年前的我，壓根沒想到自己會帶著女兒跟幾十公斤的行囊，坐了十多個小時的飛機，陪著老公舉家搬到英國過「偽單親」育兒生活；然而，真正親身體驗過後，才會發現陪著老公一起追尋夢想的過程，居然如此踏實滿足。

　　如果可以，請勇敢築夢並追夢去吧！

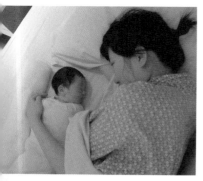

國家圖書館出版品預行編目資料

QQmei 英倫育兒日記 /QQmei 著.
-- 初版 . -- 臺北市：平安文化，2014.09
面；公分 .--
（平安叢書；第 455 種）（親愛關係；12）
ISBN 978-957-803-924-7 （平裝）

428   103016152

平安叢書第 455 種
親愛關係 12

QQmei 英倫育兒日記

作　　者—QQmei
發 行 人—平雲
出版發行—平安文化有限公司
　　　　　台北市敦化北路 120 巷 50 號
　　　　　電話◎ 02-27168888
　　　　　郵撥帳號◎ 18420815 號
　　　　　皇冠出版社（香港）有限公司
　　　　　香港上環文咸東街 50 號寶恒商業中心
　　　　　23 樓 2301-3 室
　　　　　電話◎ 2529-1778　傳真◎ 2527-0904
責任主編—龔橞甄
責任編輯—張懿祥
美術設計—程郁婷
著作完成日期—2014年5月
初版一刷日期—2014年9月
初版二刷日期—2014年9月
法律顧問—王惠光律師
有著作權 · 翻印必究
如有破損或裝訂錯誤，請寄回本社更換
讀者服務傳真專線◎ 02-27150507
電腦編號◎ 525012
ISBN ◎ 978-957-803-924-7
Printed in Taiwan
本書特價◎新台幣 299 元 / 港幣 100 元

●皇冠讀樂網：www.crown.com.tw
●小王子的編輯夢：crownbook.pixnet.net/blog
●皇冠 Facebook：www.facebook.com/crownbook
●皇冠 Plurk：www.plurk.com/crownbook

皇冠60週年回饋讀者大抽獎！
600,000現金等你來拿！

參加辦法 即日起凡購買皇冠文化出版有限公司、平安文化有限公司、平裝本出版有限公司2014年一整年內所出版之新書，集滿書內後扉頁所附活動印花5枚，貼在活動專用回函上寄回本公司，即可參加最高獎金新台幣60萬元的回饋大抽獎，並可免費兌換精美贈品！

● 有部分新書恕未配合，請以各書書封（書腰）上的標示以及書內後扉頁是否附有活動說明和活動印花為準。
● 活動注意事項請參見本扉頁最後一頁。

活動期間 寄送回函有效期自即日起至2015年1月31日截止（以郵戳為憑）。

得獎公佈 本公司將於2015年2月10日於皇冠書坊舉行公開儀式抽出幸運讀者，得獎名單則將於2015年2月17日前公佈在「皇冠讀樂網」上，並另以電話或e-mail通知得獎人。

抽獎獎項

60週年紀念大獎1名：獨得現金新台幣60萬元整。

● 獎金將開立即期支票支付。得獎者須依法扣繳10%機會中獎所得稅。● 得獎者須本人親自至本公司領獎，並於領獎時提供相關購書發票證明（發票上須註明購買書名）。

讀家紀念獎5名：每名各得《哈利波特》傳家紀念版一套，價值3,888元。

經典紀念獎10名：每名各得《張愛玲典藏全集》精裝版一套，價值4,699元。

行旅紀念獎20名：每名各得deseño New Legend尊爵傳奇28吋行李箱一個，價值5,280元。

● 獎品以實物為準，顏色隨機出貨，恕不提供挑色。
● deseño尊爵系列，採用質感金屬紋理，並搭配多功能收納內襯，品味及性能兼具。

時尚紀念獎30名：每名各得deseño Macaron糖心誘惑20吋行李箱一個，價值3,380元。

● 獎品以實物為準，顏色隨機出貨，恕不提供挑色。
● deseño跳脫傳統框架，將行李箱注入活潑色調與簡約大方的元素，讓旅行的快樂不再那麼單純！

詳細活動辦法請參見
www.crown.com.tw/60th

主辦：皇冠文化出版有限公司
協辦：平安文化有限公司
平裝本出版有限公司

慶祝皇冠60週年，集滿5枚活動印花，即可免費兌換精美贈品！

參加辦法 即日起凡購買皇冠文化出版有限公司、平安文化有限公司、平裝本出版有限公司2014年一整年內所出版之新書，集滿**本頁左下角**活動印花5枚，貼在活動專用回函上寄回本公司，即可免費兌換精美贈品，還可參加最高獎金新台幣60萬元的回饋大抽獎！

●贈品剩餘數量請參考本活動官網（每週一固定更新）。●有部分新書恕未配合，請以各書書封（書腰）上的標示以及書內後扉頁是否附有活動說明和活動印花為準。●活動注意事項請參見本扉頁最後一頁。

活動期間 寄送回函有效期自即日起至2015年1月31日截止（以郵戳為憑）。

贈品寄送 2014年2月28日以前寄回回函的讀者，本公司將於3月1日起陸續寄出兌換的贈品；3月1日以後寄回回函的讀者，本公司則將於收到回函後14個工作天內寄出兌換的贈品。

●所有贈品數量有限，送完為止，請讀者務必填寫兌換優先順序，如遇贈品兌換完畢，本公司將依優先順序予以遞換。●如贈品兌換完畢，本公司有權更換其他贈品或停止兌換活動（請以本活動官網上的公告為準），但讀者寄回回函仍可參加抽獎活動。

兌換贈品

●圖為合成示意圖，贈品以實物為準。

A 名家金句紙膠帶

包含張愛玲「我們回不去了」、張小嫻「世上最遙遠的距離」、瓊瑤「我是一片雲」，作家親筆筆跡，三捲一組，每捲寬1.8cm、長10米，採用不殘膠環保材質，限量1000組。

B 名家手稿資料夾

包含張愛玲、三毛、瓊瑤、侯文詠、張曼娟、小野等名家手稿，六個一組，單層A4尺寸，環保PP材質，限量800組。

C 張愛玲繪圖手提書袋

H35cm×W25cm，棉布材質，限量500個。

60 印花

詳細活動辦法請參見
www.crown.com.tw/60th

主辦：皇冠文化出版有限公司
協辦：平安文化有限公司　平裝本出版有限公司

皇冠60週年集點暨抽獎活動專用回函

請將5枚印花剪下後，依序貼在下方的空格內，並填寫您的兌換優先順序，即可免費兌換贈品和參加最高獎金新台幣60萬元的回饋大抽獎。如遇贈品兌換完畢，我們將會依照您的優先順序遞換贈品。

●贈品剩餘數量請參考本活動官網（每週一固定更新）。所有贈品數量有限，送完為止。如贈品兌換完畢，本公司有權更換其他贈品或停止兌換活動（請以本活動官網上的公告為準），但讀者寄回回函仍可參加抽獎活動。

1. _____ 2. _____ 3. _____

●請依您的兌換優先順序填寫所欲兌換贈品的英文字母代號。

① ② ③ ④ ⑤

□（必須打勾始生效）本人_____（請簽名，必須簽名始生效）
同意皇冠60週年集點暨抽獎活動辦法和注意事項之各項規定，本人並同意皇冠文化集團得使用以下本人之個人資料建立該公司之讀者資料庫，以便寄送新書和活動相關資訊。

我的基本資料

姓名：_____

出生：_____年_____月_____日　性別：□男　□女

身分證字號：_____（僅限抽獎核對身分使用）

職業：□學生　□軍公教　□工　□商　□服務業

□家管　□自由業　□其他

地址：□□□□□ _____

_____

電話：（家）_____（公司）_____

手機：_____

e-mail：_____

□我不願意收到皇冠文化集團的新書、活動edm或電子報。

●您所填寫之個人資料，依個人資料保護法之規定，本公司將對您的個人資料予以保密，並採取必要之安全措施以免資料外洩。本公司將使用您的個人資料建立讀者資料庫，做為寄送新書或活動相關資訊，以及與讀者連繫之用。您對於您的個人資料可隨時查詢、補充、更正，並得要求將您的個人資料刪除或停止使用。

皇冠60週年集點暨抽獎活動注意事項

1. 本活動僅限居住在台灣地區的讀者參加。皇冠文化集團和協力廠商、經銷商之所有員工及其親屬均不得參加本活動，否則如經查證屬實，即取消得獎資格，並應無條件繳回所有獎金和獎品。

2. 每位讀者兌換贈品的數量不限，但抽獎活動每位讀者以得一個獎項為限（以價值最高的獎品為準）。

3. 所有兌換贈品、抽獎獎品均不得要求更換、折兌現金或轉讓得獎資格。所有兌換贈品、抽獎獎品之規格、外觀均以實物為準，本公司保留更換其他贈品或獎品之權利。

4. 兌換贈品和參加抽獎的讀者請務必填寫真實姓名和正確聯絡資料，如填寫不實或資料不正確導致郵寄退件，即視同自動放棄兌換贈品，不再予以補寄；如本公司於得獎名單公佈後10日內無法聯絡上得獎者，即視同自動放棄得獎資格，本公司並得另行抽出得獎者遞補。

5. 60週年紀念大獎（獎金新台幣60萬元）之得獎者，須依法扣繳10%機會中獎所得稅。得獎者須本人親自至本公司領獎，並提供個人身分證明文件和相關購書發票（發票上須註明購買書名），經驗證無誤後方可領取獎金。無購書發票或發票上未註明購買書名者即視同自動放棄得獎資格，不得異議。

6. 抽獎活動之Deseno行李箱將由Deseno公司負責出貨，本公司無須另行徵求得獎者同意，即可將得獎者個人資料提供給Deseno公司寄送獎品。Deseno公司將於得獎名單公布後30個工作天內將獎品寄送至得獎者回函上所填寫之地址。

7. 讀者郵寄專用回函參加本活動須自行負擔郵資，如回函於郵寄過程中毀損或遺失，即喪失兌換贈品和參加抽獎的資格，本公司不會給予任何補償。

8. 兌換贈品均為限量之非賣品，受著作權法保護，嚴禁轉售。

9. 參加本活動之回函如所貼印花不足或填寫資料不全，即視同自動放棄兌換贈品和參加抽獎資格，本公司不會主動通知或退件。

10. 主辦單位保留修改本活動內容和辦法的權力。

寄件人：

地址：□□□□□

請貼郵票

10547 台北市敦化北路120巷50號
皇冠文化出版有限公司　收